JN070308

small start

design
system

Small Start Design System

Published in 2023 by BNN, Inc.
1-20-6, Ebisu-minami, Shibuya-ku, Tokyo,
150-0022 Japan
www.bnn.co.jp

ISBN978-4-8025-1248-0
Printed in Japan

ちいさく
はじめる
デザイン
システム

small start

design
system

はじめに

スタート地点は「何もわからない」

「デザインシステム」ってなんでしょう？　私は、デジタルマーケティングエージェンシー在籍時代、大手クライアントのウェブサイトやアプリ制作に携わっていました。そのとき、ブランドガイドラインやスタイルガイド、用字用語を参照することはありましたが、「デザインシステム」というものがあることすら知りませんでした。

「デザインシステム」は一般的に、「デザインの再現性を高め、一貫した製品体験を効率よく表現すること」を目的に導入される「ドキュメントやリソース群のこと」と説明されます。今では、「デザインシステム」についてウェブで検索するとたくさんの記事が見つかり、いろんな人が考えるデザインシステムの定義や在り方、立ち上げ事例に触れることができます。また、公開されているデザインシステムの中には、「お手本」とされているものがいくつかあります。

しかし、それらを見ても、今の自分たちに必要なのか、作れるのか、そして運用できるのか、疑問は尽きないでしょう。

この本は、人事・労務領域の業務アプリケーションSaaSを提供しているSmartHRのデザインシステムの立ち上げ前から、現在までの取り組みをケースとして扱いながら、デザインシステムについて解説したものです。

この本でお伝えすること

「ルールやナレッジを体系化、明文化し、データを整理・共有することで、あらゆる立場のメンバー、遠隔のスタッフ、パートナー会社などが速やかに業務に取り組めるようになる」。デザインシステムについて語られるとき、それは理想郷のようにも聞こえます。だからこそ、私たちは懐疑的にならざるを得ません。「1 デザインシステムについて考えよう」では、「デザインシステムはなぜ必要なのか？　本当に取り組むべきなのか?」ということについて掘り下げます。

「SmartHR Design System」は2020年6月に公開しました。立ち上げ準備から今日まで、どのように「デザインシステム」とつき合ってきたかを振り返ってみて気づいたことがあります。「2 デザインシステムを作るコツとステップ」では、どうやって始めるか、どうやれば続けられるかを、紹介します。

私たちは、学生時代からインターネットにウェブデザインやコーディングを教わったり、好きなものと出会ったりして育ってきました。SmartHRにはウェブからの恩恵をたくさん受けてきた社員が多くいます。なので、ごく当たり前に、デザインシステムもほぼ丸ごとウェブ上で公開しています。「3 デザインシステムに何をどうまとめる?」では、デザインシステムに掲載しているコンテンツと合わせて、背景にある考え方や一般論について説明しています。

「4 デザインシステムを続けやすくしよう」では、デザインシステムにどうやってコンテンツを集めるのか、再配布していくのか、システム構築や運用体制について説明します。プロダクト開発におけるtextlintとFigmaの運用についての言及は、珍しいかもしれません。

組織の数だけ、その目的の数だけデザインシステムの在り様はさまざまです。「5 デザインシステムの正解は1つじゃない」では、デザインシステムを運用している13の組織に対して、21の質問をしてみました。事業もフェーズも異なる組織ごとのデザインシステムに関する考え方の共通点や違いからは、得られるものがたくさんあります。

悩みながら辿り着いた軌跡

最後に。この本には5本のコラムも収めています。SmartHRという急成長する環境に身を投じた人はそれぞれ「志」を持って集まっています。コラムでは、デザインシステムを通して、個人がどのように課題を見つけ、取り組んだかにスポットを当てています。ちょっと前の私たちの姿は、今のあなたに似ているかもしれません。この本が、少しでもあなたの背中を押せたらと、願っています。

SmartHR UXライター　大塚亜周

Contents

デザインシステムについて考えよう

Thinking about design systems

「デザインシステムは知っているけれど、何を頼りに始めればよいのかわからない」「デザインシステムの役割について、周りにどう説明すればよいのかわからない」——ここでは、デザインシステムを何のために作るのか、目的について一緒に考えていきます。

1

デザインシステムの広まり

「デザインシステム」は、デジタルプロダクト開発においてその必要性や役割を言及されることが多い概念です。GoogleのMaterial DesignやAdobeのSpectrumなど、有名企業をはじめ業種や業態を問わず、数えきれないほどのデザインシステムが公開されています。

プロダクトの重要性が増すにつれ、プロダクトが示す領域も広がり、デザインシステムが取り扱う範囲も広がってきています。タイポグラフィやレイアウト、色、アイコン、コンポーネントといった、デザインに関する事柄だけでなく、言葉の表現や雰囲気など、ユーザーとのありとあらゆる接点を網羅する必要が出てきているともいえるでしょう。デザインシステムは、不確実性の高いモノづくりの現場において、良いモノを作るための1つの手段なのです。

昨今では、デザインシステムはプロダクトを提供するためのプロダクトまたはインフラとも呼ばれ、日本のプロダクト開発の現場でも導入が進んでいます。その流れは民間企業にとどまらず、デジタル庁も「"より良い行政サービスデザインづくり"に誰でも参加でき、誰でも共有の知見を活用できる」ことを目指すとし、デザインシステムへの取り組みを公開しています。

しかし、公開されている個別のデザインシステムを見ても、自身の組織で検討し始める地点からは距離が感じられるかもしれません。ここでは、まず「デザインシステムについて、どう考えればよいか」から始めてみましょう。

1-1　デザインシステムとは

1-2　誰のためのデザインシステム？｜プロダクト

1-3　誰のためのデザインシステム？｜ブランドコミュニケーション

1-4　デザイナーだけのものではないデザインシステム

1-1 デザインシステムとは

「デザインはデザイナーだけに任せるには重要すぎる」と言いますが、実のところデザインはデザイナーだけが行っているものではありません。他方で、「目に見える表層」だけをデザインであると勘違いしている人は多く、「デザイン」と聞くと「自分にはセンスがないし関係のないことだ」と思う人も少なくないのではないでしょうか。designの語源であるラテン語のdesignareは、「計画を記号に表す」という意味だそうです。デザインには、意匠や設計・行動計画などといった日本語が充てがわれますが、英語のdesignの意味に近い「何らかの目的達成に至るまでの思考過程」と捉えてみると、誰しもが日常的に行っている行為だといえます。

デザインシステムは、"Single source of truth"、つまり「信頼できるある1つの真実」として存在するとも言われますが、それは単にスタイルガイドなどのドキュメントを1箇所で管理することではありません。確かにデザインシステムを参照し利用することにより、車輪の再発明をすることなく、素早く仕事を進められるようになります。しかしそれ以上に「何らかの目的達成に至るまでの思考過程を信頼できるある1つの真実として表していくこと」自体が、まさにデザインという行為そのものでもあります。思考過程を組織全体で共有し、より高い目的やより良い思考過程に辿り着くための仕組みともいえるでしょう。

デザインシステムの構成要素

一般的にデザインシステムは、スタイルガイドと呼ばれるドキュメントのまとまりで形成されています。スタイルガイドにはさまざまな種類がありますが、すべてを網羅している必要はありません。必要や目的・組織などに応じて柔軟に選ぶことができます。

スタイルガイドは大きく分けて、ブランドガイドライン・UIガイドライン・コンテンツガイドライン・運用ガイドラインの4つの役割に分類できます。それぞれ

の役割に明確な境界を引くのは難しいため、複数の役割を担うガイドライン
もあります。また、作って終わり、書いて終わりのスタイルガイドではなく、
生き続けるスタイルガイド（Living Style Guide）である必要があります。

次の画像は、SmartHR Design Systemの初期構想時に書かれたベン図です。

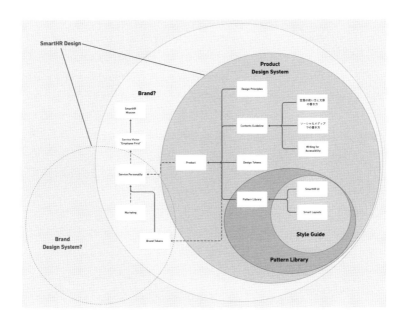

ブランドガイドライン

ロゴや色、タイポグラフィといったビジュアルアイデンティティだけでなく、CI
（コーポレートアイデンティティ）を構成する企業理念やビジョン行動規範も含まれ
ます。

UIガイドライン

コンポーネント集やパターーンライブラリなど、UIのパーツとその使い方やコー
ドスニペットが含まれます。エンジニアやデザイナーといった開発者のための
リファレンスとなり、ブランドガイドラインに沿ったUIを素早く実装するため
のガイドラインです。

コンテンツガイドライン

ボイスアンドトーンや表記ルール、用字用語、ライティングパターンなど、文章を書くすべての人を対象としたガイドラインです。ウェブにおいてはすべてがドキュメントであるため重要です。

運用ガイドライン

プロダクトなどのモノを作るためのガイドラインだけではなく、プロダクトやインフラとしてのデザインシステムを運用し続けるためのガイドラインです。プロダクトや組織をより機能させるための教育コンテンツもここに含まれるでしょう。何を含めるかは、あなたや組織が抱えている課題に依るはずです。

デザインシステムのチーム構成

デザインシステムを作り運用し続けるためには、周囲のさまざまな職能の人の関わりは欠かせません。デザインシステムを作ったとしても、利用者を増やし、使い続けられるからこそ存続できます。そのためには、社内広報や、日々のコミュニケーションを通してデザインシステムを利用するメリットを伝えていくことが大切です。

そして言うまでもなく、チームの形成も大切です。システムが「生き続ける」ためには、システム自体の自動化のためにエンジニアリングの知識が必須になるでしょう。さらに、どんなにドキュメントが充足していようとも、それらを少数人が作り、運用し続けるのは至難のわざでしょう。組織の状況やデザインシステムの目的によって、適切なチームの形を考え続けることが大事になるでしょう。

組織の状況によって最適なチームの形は変わりますが、Nathan Curtis氏が提案した3つのチームモデル[*1]は大いに参考になります。特定プロダクトや自分のチームの問題を解決しようとした結果生み出される孤独型 (Solitary)。特定プロダクトやチームには属さない専任グループがさまざまなチームの要望を聞き実装し展開する中央集権型 (Centralized)。プロダクトチームの中でも高い技術や専門性を持った代表者に依る合議で意思決定をする連合型 (Federated)。この3つのモデルを複合した形もあれば、また別のチームの形

もあることでしょう。組織における最適解は、他者の活動が参考になることはあっても、最終的に答えは組織の中で考え抜くことでしか見つからないでしょう。

*1 https://medium.com/eightshapes-llc/team-models-for-scaling-a-design-system-2cf9d03be6a0

デザインシステムのシステムとは

機能し続けるデザインシステムを作るためには、そもそもデザインシステムの「システム」について考える必要があります。「デザイン」も「システム」も大きな意味範囲を持つ言葉なので、「デザインシステム」と聞いて漠然とした印象を受ける方も多いでしょう。

システムとは、特定の目的を達成するために複数の要素が協調する仕組みのことです。例えば社会インフラとして身近な水道や電気もシステムの一種です。これらも設備やサービスなど想像できないほどさまざまなものが組み合わさって仕組み化されています。どのシステムも"特定の何かを用意すればこのシステムが完成する"という正解に則ったものはありません。目的に応じて、また社会の変化によって、必要な仕組みは変わり続けていきます。

デザインシステムにおいても、「こういうものを集めてこういう仕組みを作ればデザインシステムになる」という正解はありません。デザインシステムは、「デザイン」という何らかの目的を機能させるための「システム」であり、逆にいえばシステムとして成立するには「何らかの目的」が必要です。

目的を果たすためのデザインシステム

前述の通り、目的を達成するための仕組みとして機能するからシステムなのであって、デザインに関する情報やガイドラインがまとまっているから「デザインシステム」なのではありません。

目的によっては、A4サイズのドキュメント1枚で済む組織もあるでしょうし、ずっと使ってきたCSSのスタイルガイドがデザインシステムとなるかもしれません。事業規模によっては、プロダクトやサービスごとに目的や与えたい印

象が異なり、根幹となるデザインシステムを継承しながら特性によって変える入れ子構造になるかもしれません。

いろいろな形があるからこそシステムであり、組織ごとの目的に応じたシステムの形をそれぞれ見つけていく必要があります。目的を果たすための仕組みに共通するポイントが2つあります。

一貫していること

目的に対して力を発揮するために、情報に一貫性を持たせてください。

一貫していると、プロダクトやサービスが作りやすくなるだけでなく、レビューや評価もしやすく、デザインシステム自体も機能しやすくなります。また、システムが現実にそぐわない場面が出てきたときに、見直して壊しやすくもなります。目的がブレなければ、組織やプロダクトを取り巻く環境の変化があったときにも適応できるでしょう。

また、皆が同じ方向に向かうことでチームの力は最大化します。各々がバラバラなベクトルで勝手に動いていると、全体の力は弱まってしまいます。組織として機能しやすい状態を作り出すために、組織の目的も、その思想も、一貫性を持たせることが重要です。

一元化されていること

ブレないために、情報を一元化してください。

活発な組織の中では、ナレッジのドキュメント化をはじめ、組織をより良くしていく活動が頻繁に起こります。著名なコンポーネントライブラリやデザインシステムも個人の活動から始まったものが多いように、善意の活動は特定チームや特定プロダクトといった局所的な改善から始まります。他のチームにはまた別の課題があるので、1から自分たちのものを作るでしょう。はじめから全体を俯瞰して知見やドキュメントをまとめることは難しいですが、頭の片隅にでも一元化を意識しているだけで、後に来るであろう情報の分散や統合のための労力、車輪の再発明コストなどを抑えることができるでしょう。

一元化されているからこそ、個々人やチームが他への影響を気にせずに自分

のサービスやプロダクトに集中できるともいえます。その結果発生した課題やベストプラクティスを、一元化された情報として還元することで、全体の推進力につながります。1つのデザインシステムを参照することが、対象となる人たちをつないでいます。

循環するデザインシステム

デザインシステムがシステムなのであれば、もれなく機能する必要があります。ドキュメントの置き場として存在するだけでなく、機能した先に、開発の生産性が上がる・共通言語をもてるといった恩恵があります。デザインシステムをシステムとして機能させるためには、現場に届ける人と、現場の話を持ち帰ってくる人が必要になります。

「特定の目的があること」「始まりと終わりがあること」がプロジェクトの概念だとされますが、デザインシステムには終わりがありません。体制やサービスの方向性が変わるたびにスクラップアンドビルドを繰り返すのは得策とはいえないでしょう。公開して完成、ではなく、常に生きるドキュメントとして永続的に変化し続ける必要があります。そのためには、システムを利用することがシステムを良くすることにつながるという相互作用が必要です。

デザインシステムは、利用者や利用プロダクトといった対象同士をつなぐ役割を果たします。デザインシステムが各サービスやプロダクトを巡り、循環するサイクルを意識的に作りましょう。

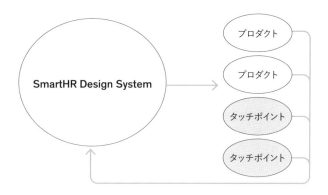

具体的には、デザインシステムの仲介者 (頒布) と貢献者 (還元) という2つの役割が必要です。特に組織の規模が大きくなればなるほど、多様で複数のものをつなぐコストがかかるため、明示的にデザインシステムの専任や担当者を定める必要があるでしょう。デザインシステムのコンテンツが使われる場所を想定して、同じ言葉で対話・議論し、トータルに判断して意思決定する役割です。専任でなくとも、窓口になる人は必須です。

小さく始めるなら、兼任はおすすめです。SmartHRでは、今のところ兼任でデザインシステムを運用し、2年間ほど維持できています。兼任であることで、各チームでのデザインシステムの認知を上げ、利用を促し、結果をデザインシステムに反映するというサイクルを回すことができています。個別のベストプラクティスがSmartHR全体のプラクティスになるという望ましい状態です。

一番身近な貢献は「使うこと」

情報の透明性があっても、わかりやすい貢献を実際に生むことは容易ではありません。途中から、または外部から参入して、自分がシステムに貢献できると思う人は少なく、最初に始めた人や興味関心が強い人が貢献者になりがちです。これ自体は悪いことではありません。使うことも立派な貢献と捉え、たくさんの小さな貢献が生まれる状況を作り出しましょう。まずは社内的に広告を打つなど頒布の動きに努めることです。

皆が勝手に使い続けてくれるフェーズに押し上げることで、システムが回り出します。このとき、隅々まで充実したコンテンツやシステムの枠組みを広げてしまう前に、1つの目的でもよいので、小さく始めて使ってもらうことが大事です。

SmartHRでは、複数の機能の間で混乱が生まれ始めていて、車輪の再発明をせずに最速で顧客にプロダクトを届けるための仕組みが必要でした。始める目的が課題ベースであったため、それ以後もすべて目的に応じて課題ベースで仕組み化し、結果的にある程度の規模のデザインシステムに成長させることができました。最初から立派なものを目指して時間とコストをかけるのではなく、そのときに必要なものを必要なだけ、素早く作って頒布することで、より使ってもらいやすくなると考えています。

1-2 誰のためのデザインシステム？ ｜プロダクト

Who is the design system for? | Products

SmartHRのプロダクトデザインにおいて、デザインシステムはプロダクト開発の生産性を高め、顧客に素早く価値を届けるための手段として活用されます。デザインシステムは、間違ってもプロダクトデザイナーや開発者が楽をするための手段にするべきではなく、すべてを解決する"銀の弾丸"でもありません。

本項では、デザインシステムがSaaSプロダクト開発の文脈で組織やプロダクトにもたらす効果について、SmartHRの開発体制とその活用事例をもとに紹介します。ただし、組織やプロダクトが違えば、デザインシステムが果たすべき役割や目的も変化し、多様化することもまた、デザインシステムの特徴の1つであることをご理解ください。

SmartHRで デザインシステムがどのように生まれたか？

SmartHRのプロダクトデザインでは、デザインシステムは「デザインとエンジニアリングが不可分である」プロダクト開発における、生産性を向上するための手段として捉えられています。その背景にあるSmartHRの開発体制の特徴として、プロダクト開発チームごとに要件定義から最終的なリリースまで、ワンストップで短いサイクルを高速に繰り返すアジャイルな機能開発を行っていることが挙げられます。そのため開発チームは、プロダクトデザイナーやエンジニアだけでなくさまざまな職能のメンバーで構成されています。

顧客に素早く価値を届けるためには、自律分散的にプロダクト開発を進めるための高い生産性が開発チームに求められます。そのため開発者には、プロダクトの価値を高速に検証し意思決定するために、デザインとエンジニアリングを行ったり来たりする密なコミュニケーションが必要となります。しかし実際には、組織の拡大につれて同期的な議論や共有が難しくなったり、認識のズレを埋めるためのコミュニケーションコストがかかってしまいます。説明やガイドラインといった非同期的に認識を揃える手段がなければプロダ

クト開発上の障害になりかねないという危機感から、まずはできるところから始めたのが、プロダクトデザイン文脈でのデザインシステムでした。

ユーザーにとって価値がある最小単位で段階的にリリース

デザインシステムが積み上がっていく様子

デザインとして必要な部品や要件も、最初は必要最小限の要素から設計が始まります。それらのあり方についてプロダクトデザイナー含め開発チーム内で少しずつコミュニケーションを重ね、共通コンポーネントや一般化した概念として積み上げることで、だんだんとパターンとして整理できる規模になっていきます。こうして小さく積み上げていくことで、後発の機能開発では初期リリースから機能が充実したり、提供までの時間を短縮することにつながり、最終的にプロダクト開発全体の生産性に貢献できます。

デザインシステムがもたらすもの

開発チームがプロダクト開発においてデザインの妥当性を判断する必要がある場合、プロダクトデザイナーやUXライターなどの専門家の意見を聞いたり、他のプロダクトではどのようになっているかを調査することが一般的でしょう。裏を返せば、すぐに参考にできるプロダクトが見つからなかったり、専門家にすぐ聞ける状況にない場合、意思決定が遅れてしまう原因になる可能性があるといえます。そんなときに、開発者がデザインについての判断の拠り所として「デザインシステムを参照する」という選択肢の存在が、絶大な威力を発揮します。

開発チームがデザインの妥当性を判断する補助線であり選択肢の1つ

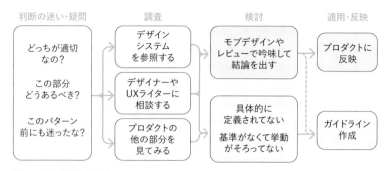

補助線として機能する例

これは、あくまで開発チームがとれる選択肢の1つであり、取り入れるかどうかは開発チームが妥当性を議論し最終的に判断します。デザインの根拠や過程を開発チーム内で議論しやすくなることで、開発者が「なぜそのデザインになったか」や「どうしてその選択をしたか」を言語化し共通認識を形成しやすくなり、各職能の専門的な観点から抜け漏れを事前に防ぐといった効果も期待できます。加えて、デザインを検討するために用いるデザインデータをライブラリとして提供することで、中間成果物（デザインデータ）を素早く作成できる、本質的な議論に集中できる、プロダクトデザイナー以外の開発者がデザインに参加しやすくなるといった、デザイン業務自体のハードルを下げる効果も期待できるでしょう。

このように、デザインに関する議論をプロダクトデザイナーやUXライターだけでなく、エンジニアやプロダクトマネージャーなどさまざまな職能の観点から行うことで、現場での意思決定の柔軟さや判断の速度が向上し、開発のアジリティ（敏捷性）が高まり、結果的に顧客への提供価値の品質や提供スピード向上につながるのです。

1-3 誰のためのデザインシステム？
│ブランドコミュニケーション

Who is the design system for? | Brand Communication

ブランドの価値や印象は、さまざまなタッチポイントを通してユーザーや潜在顧客といったステークホルダーの頭の中に構築されていきます。サービスやプロダクトに携わっている人たちは部署や職種ごとに担当領域が分けられているため、それぞれのタッチポイントを「点」として扱ってしまうかもしれません。しかしその「点」はステークホルダーから見るとグラデーションのようにつながっており、厳密に区切って記憶していることはほとんどありません。ステークホルダーは、それらの「点」をさまざまなタッチポイントを通じて認知を重ねていきます。気づいたら、「〇〇というブランドはこんな感じ」という印象が形成されます。このステークホルダーの頭の中に蓄積された印象こそがブランドです。

しかし、あらゆるタッチポイントで一貫したブランドを体現していくことは簡単ではありません。なぜなら、あらゆる職種のあらゆるチームに属する従業員すべてがブランドにふさわしいふるまいや表現を理解し、それを実行できる必要があるからです。

そこで、SmartHRのブランドコミュニケーションでは、デザインシステムの利用者を組織全員と想定してデザインシステムの構築に取り組んでいます。

コミュニケーションにおいてのデザインシステム

コミュニケーションデザインでは、プロダクトを含むあらゆるタッチポイントが対象になります。サービスサイト・SNS・オウンドメディア・TVCM・営業資料・ホワイトペーパーといったサービス利用以前の接点も、ヘルプセンター・チャットサポート・顧客向け資料といったサービスを利用するうえでの接点も、理想をいえばすべてデザインされている必要があります。

ここで注意したいのは、タッチポイントごとに表層を整えるだけでは不十分だということです。「表層」も大事ですが、会社や事業のミッションを実現す

る手段としてあらゆるコミュニケーションを検討していくことに本質があります。言い換えると、通過するタッチポイントでの体験全体を通してブランドが伝わる状態を目指す必要があります。

例えば、ステークホルダーが認知して導入に至るまでを考えてみましょう。テレビCMをプランニングするマーケティング職がいます。サービスを提案する営業職がいます。契約内容を確認する法務もいます。つまり、職種も業務内容も異なる全員にブランドを体現してもらう必要があります。「ブランドを意識してください」と伝えるだけでは実現されないでしょう。そこで、システムの出番です。組織のどの役割でも自然とブランドが体現できるような仕組みやツールを作っていきます。

システムのコンテンツは、プロダクト領域と同様に、デザイナーだけで作るものではなく、受益者と共に作るべきです。コミュニケーションデザインの場合、受益者は組織に所属する全員になります。「全員と一緒に作るなんて不可能では？」と思われるかもしれません。確かにいきなり全員が使えるものを作るのは現実的ではありません。コミュニケーションデザイナーは、全社の各部署のメンバーたちとともに施策を通して多くのタッチポイントに関わります。その中で、制作したものをベースに、抽象化やパターン化を通してシステムのコンテンツを増やしていき、全社的な活用へとつなげていきます。

ブランドにおいてのデザインシステム

ブランドコミュニケーションにおけるデザインシステムをより深堀りしていくために、SmartHR Design Systemの「コンテンツ構成」を見てみます。この図では一見するとコミュニケーションとプロダクトは対比されるように見えます。

しかし、コミュニケーションデザインが扱っているものはコミュニケーション以前に「ブランド」であり、あらゆるタッチポイントがその対象になります。もちろんプロダクトもその1つです。つまり、「ブランド」におけるデザインシステムは決してプロダクトと対比されるものではなく、プロダクトも含んだ全体において役に立ち、事業を推進するものでなくてはなりません。

そうした目線で改めてコンテンツ構成を読み解くと、「基本要素」はブランドを支えるシステムだと捉えられます。基本要素とは、ブランド表現の基本となる色やタイポグラフィなどを指します。基本要素はプロダクトのカラーリングにも適用されており、新たなコミュニケーションコンテンツを作成する際にも参照されているため、「システムを作る人が使うシステム」ともいえるかもしれません。

ブランドを扱うシステムにおいては、もう1つ意識すべき点があります。それはサービスとコーポレートの2つのブランドの関係を意識することです。サービスとコーポレートのブランドがどういった関係性にあるかは企業によって異なります。サービスとコーポレートのブランドが完全に区別されている場合もあれば、同一のブランドとして扱う場合もありますし、一部重なり合う場合もあります。会社や事業のフェーズによってもその関係は変わっていきます。大切なのは、2つのブランドの位置関係を把握し、タッチポイントごとにどちらのブランドでどうコミュニケーションするのが適切かを判断できるようにすることです。そのためには、デザインシステム上でもサービスとコーポレートのコンテンツが位置関係に即した形で記述されているほうが望ましいでしょう。

1-4 デザイナーだけのものではない デザインシステム

Design systems that do not only belong to designers

ここまで、プロダクト、ブランドにとってのデザインシステムについて説明してきました。デザインシステムがデザイン業務を向上させることは間違いありませんが、デザインシステムはデザイナーやデザイン組織だけのものではありません。

デザインは、組織全体でやっていくもの

プロダクト開発やコミュニケーション設計には、職能ごとに高い専門性が求められます。したがって、専門知識を持たないメンバーからすると、デザインシステムの中には活用にハードルを感じるコンテンツもあるでしょう。しかし、私たちがデザインシステムを作って運用していく目的は、プロダクト開発においては「顧客への提供価値の品質や提供スピードを向上させること」であり、ブランドコミュニケーションにおいては「あらゆるタッチポイントで一貫したブランドを体現できる状態を作ること」です。つまり、デザインはデザイナーだけが担うものではなく、組織全体で取り組んでいくものなのです。こう考えたとき、デザインシステムの利用者は組織に関わるすべての人と捉えたほうが自然でしょう。

開かれたデザインシステムのメリット

デザインシステムの運用自体はデザイナーが牽引するとしても、寄せられる期待や要望に役割の垣根はありません。さまざまな職能を巻き込み、広く多様な観点を取り入れていきましょう。職種の境界なく、従業員がもっと働きやすくするための仕組みを作れるのなら、デザインシステムを通して提供してみましょう。デザインシステムを「デザイナーだけのものに閉じない」でいると、コンテンツが多様化し、デザインシステム自体が成長しやすくなります。

デザインシステムを作るコツとステップ

「デザインシステムに取り組みたいけれど、どこから着手すればよいのかわからない」「せっかく作ったデザインシステムが使われない」——ここでは、そんな悩みに答えるため、デザインシステムを小さく始めて、皆に使ってもらうプロセスについて紹介します。

2

デザインシステム運用でぶつかりがちな２つの壁

パート1では、デザインシステムの目的と役割について整理しました。メリットに賛同し、一緒に取り組んでくれるメンバーが見つかったかもしれません。機運に乗じてデザインシステムを導入する流れになったとしましょう。

デザインシステムに取り組み始めるときにぶつかりがちなのが、

- どこから着手するか？
- どうやって組織に浸透させるか？

という２つの壁です。

ここでは、それぞれの壁を乗り越えるためのステップを紹介します。無理なく始めて続けるコツを、計６つのステップに分けて解説します。

2-1　デザインシステムをはじめる３つのステップ

    STEP1：便利なコンテンツから作る

    STEP2：課題発見と課題解決のサイクルを繰り返す

    STEP3：原則を言語化する

2-2　デザインをみんなのものにする３つのステップ

    STEP1：最初は地道な草の根活動

    STEP2：課題発見に小さく協力してもらう

    STEP3：コンテンツの作者になってもらう

2-1 デザインシステムをはじめる 3つのステップ

Three steps to start a design system

デザインシステム構築のコツは「ちいさく」始めることです。本項では、1つ目のコンテンツから、システムへと育てていくためのステップについて説明していきます。

STEP1：便利なコンテンツから作る

デザインシステムをどこから手を付けるべきか迷っているなら、ぜひ「便利なコンテンツを作る」ところから始めてみてください。ここでいう「便利なコンテンツ」とは、以下を満たすものを指します。

- デザインシステムの最初の利用者になってほしい人たちが実際に使いたいと思えるもの
- 使おうとしたときの学習や導入コストが低いもの
- 使うとわかりやすい成果が得られるもの

便利なコンテンツから作ることで、デザインシステムが完成するよりも先に**デザインシステムが使われている状態の実現**を目指します。

デザインシステムを見たときに「これはぜひ使いたい」と感じられ、利用するためのコストが低いものであれば自然と使ってもらえるようになります。効果が見えやすいことで、デザインシステムに取り組む意義の理解を社内で得やすくなるという利点もあります。先にデザインシステムのためのツールを導入をしたり、目次を書いてデザインシステムの全体像を描いたりしないでください。意義を理解してもらうよりも先に費用や時間といったコストがかかると、費用対効果についての説明を求められやすくなってしまいます。

また、先に多様なコンテンツを揃えてしまうと、いざ使ってもらおうとした際に、利用者がその使い方や自分向けのコンテンツがどれなのかを適切に認識できない可能性があります。いつ使うのか、どう使うのか。デザインシステ

ムを使うメリットよりも、使うための準備や理解にコストがかかります。

これは「デザインシステムも1つのプロダクトである」という考え方にも通じています。まずは便利なコンテンツを1つ用意することで、説明や理解に要するコストを最低限に抑え、チームがデザインシステムを習慣的に利用する状態を実現できます。

コンポーネントライブラリからはじめた例

SmartHRでは、プロダクト領域でいうとコンポーネントライブラリから始めました。コンポーネントライブラリは、いわばUIのパーツ集です。コンポーネントを組み合わせることで、イチから画面を検討・議論する必要がなくなり、開発速度が上がります。開発速度が上がれば、早く顧客に価値を提供できるようになり、それが競合優位性となって売上につながるだろうという狙いがありました。

また、コンポーネントライブラリにはウェブの標準として推奨されているものがあり、そこにSmartHRの既存スタイルをあてていく形で作ることができます。制作コストを抑えながら、十分な成果が期待できるというのも最初のコンテンツとして良かった点です。

簡単に、SmartHRにおけるコンポーネントライブラリの変遷を紹介します。

最初に作成されたのは2018年、プロダクトに携わる2人目と3人目のデザイナーが入社したタイミングでした。当時は、現在「SmartHR基本機能」と呼ばれている機能のみが提供されており、新たな機能を開発中でした。その新たな機能の開発に利用する目的で作り始めたコンポーネントライブラリが最初のものでした。

2019年6月に5人目のデザイナーが入社し、本格的な拡充が始まりました。特にそこから約1年間は、コンポーネントライブラリの拡充に注力。現在のコンポーネントライブラリの土台となるような状態に整備されていきました。その後も必要に応じてメンテナンスやコンポーネントの追加拡充を行い、現在も開発に利用され続けています。

STEP2：課題発見と課題解決のサイクルを繰り返す

便利なコンテンツを作り、それがある程度使われている状況ができてきたら、次のステップに進みましょう。

プロダクト開発やブランドコミュニケーションの現場にあるリスクや課題を調べます。課題が見つかったら、1箇所に書き留めておいてください。解決策に目星がついているものは一緒にまとめておきます。優先度の高い課題から着手し、解決策となるコンテンツを拡充していきます。それを繰り返していきましょう。

ここで大切なのが、課題とそれに対する解決を残し続けていくプロセスそのものもデザインシステムであるという捉え方です。

デザインシステムは、事業におけるリスクの軽減や課題解決を通じて組織の拡張性を高めていくためのものです。リスクや課題は組織や事業の状況によって異なります。さらにいえばその状況は刻々と変わり続けます。つまり、デザインシステムに「ただ1つの具体的な正解」は存在しません。世の中のデザインシステムがどうなっているかは、あくまで参考程度にしておくのがおすすめです。他社のデザインシステムを真似して作るよりも、自らの組織が直面している課題を見極めることのほうが重要です。課題を集め、課題に対する解決策を考え、言語化して1箇所に残していく活動を続けていけば、その積み重なりが「システム」へと育っていきます。

SmartHRでデザインシステムについて話をするとき、「WIP（＝Work In Progress）の精神」という表現が合言葉のように使われます。未完成なのでこのあとも更新を続けていこうという姿勢を示しています。

「WIPの精神」には、今作るべきもののスコープを判断しやすいという利点があります。例えば、目の前に優先度の高い課題があり、その解決策となるコンテンツを1つ作ったとします。そのコンテンツのおかげで課題は解消されましたが、一般的なデザインシステムと比較して足りない要素があることにあなたは気づきます。このとき、あなたは足りない要素をすぐに追加しますか？

WIPの精神で考えると、今は一旦追加しないという判断になります。優先度の高い課題がすでに解決されているのであれば、次に優先度の高い課題を解決するためにリソースを使うべきです。こうした決定がスムーズにできるのは一旦やらないという判断が、いずれ必要になったタイミングではやるという判断と紐づいているからです。

STEP3：原則を言語化する

デザインシステムの各コンテンツの背景にある「なぜそれが良しとされているのか」という原則をまとめたドキュメントも、デザインシステムには欠かせない要素です。定められた内容に利用者をただ従わせ、思考を停止させるものをシステムとは呼びません。

「デザインシステムで定義されていないことを開発の中で判断しなければいけなくなった場合にも適切な判断ができる」
「誰が判断しても結論に大きなズレが生まれない」

上記のような判断ができる状態を支えるものがデザインシステムであり、そのためには定義されている内容だけでなく、背景にある原則についても理解できるようにしておく必要があると考えます。

このように書くと、最初に原則を決めるべきでは？と思った方もいるかもしれません。原則をSTEP3にしている背景は、以下の3つです。

1つ目は、**時間を十分に確保するため**です。原則を言語化し、まとめるにはある程度の時間が必要です。

2つ目は、**骨格・表層レベルでの負債を抑えるため**です。例えば、具体的なスタイルよりも先にパーソナリティといった抽象的な方針が定義されていた場合、それぞれが具体的にデザインするスタイルが少しずつ違ったものになる可能性があります。改めて統一するには一定のコスト調整が必要です。

3つ目は、**せっかくまとめたのに読まれないという問題を防ぐため**です。これはSTEP1でデザインシステムが使われている状態の実現を目指すという話と

同様の意味です。

以上の理由から、具体的なガイドラインといったコンテンツから着手したあとにしっかりと時間をかけて原則の言語化を進めることをおすすめします。具体的には、STEP2のサイクルが安定してきたタイミングで、別で短期プロジェクトを組むのがよいでしょう。

言語化のプロジェクト

SmartHRでも基本原則やデザイン原則については、それぞれ異なるタイミングですが、プロジェクト的に進めていきました。

ここでは、プロダクト開発におけるデザイン原則を策定したSmartHR社内プロジェクト「デザイン原則検討会」を例に、プロジェクト化する際のポイントを振り返ります。

最初のポイントは、プロジェクト本格始動前にデザインシステムに対する認識を揃えておくことです。「デザイン原則検討会」発足よりも前に、プロダクトデザイングループとコミュニケーションデザイングループでデザインシステムのゴールを共有するワークショップを実施しました。ワークショップでは「こういうのは嫌だ」と「こういうのがいい」を明確に分けてブレストし、対比によりゴールに対する解像度を上げました。

もう1つのポイントは、志ある少人数で進めることです。デザイン原則の策定には「これを良しとする」という作り手の意思が必要です。合議で話し合ってしまうと、なかなか決まらないか、すべての意見を折衷した末に目的が曖昧なものしか残らない懸念があります。そのため志ある人を募り、そのメンバーと決め方を関係者で合意するという進め方を選びました。

これらのポイントは基本原則や運営理念などを言語化する際にも共通しています。

2-2 デザインをみんなのものにする 3つのステップ

Three steps to making design everyone's business

デザインシステムはデザイナーだけのものではありません。組織全体で活用するからこそ、システムとして機能します。本項では「みんなのもの」にしていくためのステップについて説明していきます。

STEP1：最初は地道な草の根活動

どんなに便利なものでも、存在を知られていなければ使ってもらえません。知ってもらうための地道な活動が重要です。最初のコンテンツ作成時に加え、コンテンツが更新されたり改善されたりしたときにも積極的に社内へ広報していきましょう。

SmartHRでは、具体的に以下のことに取り組んでいました。Tipsとしてそれぞれ簡単に紹介します。

社内のミーティングやイベントでお知らせの機会を作る

全社ミーティングなど参加人数が多く注目度の高い場で発表できるように担当者へ働きかけていました。エンジニアの集まる週次定例では、アジェンダの中に固定の枠を確保し、毎週更新内容をお知らせしています。

Slackを使ったリモート草の根活動を行う

SmartHRではチャットツールとしてSlackを利用しています。Slackの場合、「キーワード」で通知設定が可能です。例えば「デザインシステム」「ガイドライン」といった言葉を登録しておきます。誰かがSlackのコミュニケーション内で話題にあげると通知が届くため、そのメッセージにスタンプを押したり、ページを案内したりしていました。

「デザインシステムをふむふむする会」を企画

デザインシステムを解説したり、デザインシステムを読んで感想を共有したり

する会を開催していました。理解度の把握や感想の共有だけでなく、フィードバックを受け取る機会にもなります。

SmartHRでは、「オープン社内報」という社内報を社外にも公開しています（2022年休刊）。社内のチャットツールには多くの情報がやりとりされ、告知してもすぐに流れてしまいます。一方で、オープン社内報はストック性が高く、かつ社内報で話題にすること＝全社に関わることという想起にもつながりやすいというメリットがありました。そのため積極的にデザインシステムの紹介記事を書いて社内報に掲載するようにしていました。

STEP2：課題発見に小さく協力してもらう

「デザインシステムをはじめる３つのステップ」で触れたSTEP2は、デザインシステムに関わる人を増やすチャンスです。特に課題発見は、小さく巻き込みやすいポイントです。

具体的には、プロダクト開発やサービスコミュニケーションの現場へ直接話を聞きに行ってみてください。日々の業務の中で何か困っていることはないか。デザインシステムを使ったことはあるか。デザインシステムを使ってみてどうか。すでにデザインシステムを使っている人であれば、既存コンテンツの改善点を教えてくれるかもしれません。まだ使ったことのない人であれば、知ってもらう機会になります。さらには、気づいていなかった課題を共有してくれるかもしれません。

そして現場から出てきた改善点や課題を解決できたら、今度はそれをお知らせしに行きましょう。困っていたことを伝えたらコンテンツが作られ、他の人も便利になったという経験はデザインシステムの意義を理解してもらう機会になります。また、その後も積極的にフィードバックをくれるようになります。さらには、他に困っていそうな人へ広報してくれるかもしれません。

SmartHRの場合、デザインシステムを運用するための専任チームはなく、各々がメインの業務を持ちながら関わっているメンバーばかりです。そのため、

自然と業務を通じて話をする機会があり、日常的に課題発見への巻き込みができています。

効果検証や大きな更新の機会には、全社的にアンケートをとったり、プロジェクト化してヒアリングをしたりすることもありますが、課題発見と課題解決のサイクルは、デザインシステム以外の業務をしているからこそ持続的に回転させられているように感じます。

ちなみに、本書は数人で共同執筆しており、まさに課題発見の機会になっていました。人によって揺れやすくまだガイドラインがない用字用語が見つかり、ライティングガイドラインの用字用語がたくさん更新されていました。

STEP3：コンテンツの作者になってもらう

課題発見に協力的な人が見つかったら、次は課題解決に誘ってみてください。その人の得意を生かして、コンテンツ作りに協力してもらえないか声をかけてみます。いきなり大きな課題を持ってもらう必要はありません。ここでもWIPの精神です。まずは、今まさにその人が抱えている課題の中で、小さく解決策が作り出せそうなものをお願いしてみましょう。

SmartHRのデザインシステムには、実際にデザイナー以外が関わって作ったコンテンツがいくつもあります。UXライターが関わっているものもあれば、PdE（プロダクトエンジニア）が関わっているものもあれば、PMM（プロダクトマーケティングマネージャー）が関わっているものもあります。

具体例として、基本要素に含まれる「伝わる文章」について紹介します。「伝わる文章」は、SmartHRでどんな文章を書くときにも共通するガイドラインとして掲載したいという狙いがあったため、チームを横断した座組みで進行しました。UXライティンググループ、マーケティンググループの広報のPRユニットとコンテンツマーケティングユニットという3つのチームが関わっています。それぞれがガイドラインに沿った例を提示し合い、1つのドキュメントとしてまとめました。

大事なのは、コンテンツの「作者」になってもらうことです。コンテンツの作

者になると、自然に自分が作ったコンテンツの様子が気になり始めます。自分が使ってみてどうか。他の人には使われているだろうか。もっと改善できる部分はないか。そんなふうに無意識にデザインシステムに対するアンテナが高くなり、課題を見つけやすくなっていきます。その課題に対してまた作者になってもらうことで、その人の中で自然と課題発見と課題解決のサイクルが回り出します。

こうした浸透活動を繰り返していくと、徐々にデザインシステムの一部分に対してオーナーシップを持つ人が増えていきます。専任チームが管理をせずとも更新され続ける状態が実現できます。また、こうした状態を実現するポイントの1つに、「誰でも更新しやすい管理システム」が挙げられます。

SmartHRではもともとデザインシステム管理系の既存サービスを使用していましたが、2021年3月に自社で構築した管理システムへ移行しています。それまで使用していた既存サービスには、コンフリクトが起きやすいという弱点がありました。複数人が更新をかけていくことに適しておらず、より運用体制に合わせたシステムを自社で構築しました。

SmartHRの管理システムは、Markdownファイルでコンテンツを増やしていける仕様になっています。SmartHRでは社内用ドキュメントをMarkdownで表記する文化があり、この仕様によって更新のしやすさがぐっと高まっています。

さらに「用字用語」のコンテンツにおいては、「Airtable」というクラウド型のデータベースツールを埋め込む形になっており、システムに詳しくない人でも更新できるような仕組みにしています。

#COLUMN
SmartHRの人々から見たSmartHR Design System

こんにちは。このコラムで筆をとっているのは、入社したてのUXライター稲葉です。私にとってのデザインシステムとは、入社したときにはもうそこにあって、「完成しているように見える」ものでした。今回、本書の企画者である大塚亜周さんから、「客観的な目線で、デザインシステムが形作られたプロセスを取材してみてほしい」と頼まれて、本書のところどころに挟み込まれたコラムという形で、取材の中で印象的だった5つの出来事（SmartHR Design System公開前夜／プロダクトのカラーリング刷新／運営理念の言語化／ライティングガイドライン／組織への浸透）を紹介しています。本論ではそれらの出来事を抽象化・体系化しまとめた内容を扱っていますが、このコラムでは、より具体的かつ「SmartHRの人々から見た」プロセスを取り上げていきます。

SmartHR Design System公開前夜

SmartHR Design Systemが社外へ公開されたのは2020年6月です。当時の紹介記事などを振り返ると「デザインガイドライン」と呼ばれています。デザインガイドラインに掲載されていたのは、プロダクトとコミュニケーションそれぞれのデザインの基礎になるものとして定義されている「基本要素」と、コミュニケーションのごく一部のコンテンツのみでした。「2-1 デザインシステムをはじめる3つのステップ」では、原則のような抽象的な方針を最初に言語化することはおすすめしていません。一方で、社外の方から見れば「基本要素」が先に公開されており、最初に抽象的な方針があるように感じられたかもしれません。実際にはどのような順で形づくられていったのでしょうか。

背景には、大きく2つのデザインチームの動きがありました。パート2の本論で触れていたように、SmartHR Design Systemの前身となったコンポーネントライブラリは2018年に着手され、2019年から2020年にかけて本格的な拡充がされています。コンポーネントライブラリは「プロダクトデザイングループ（以降、プロデザ）」という組織が中心となり推進しています。プロデザは、開発の中で必要となるデザイン業務を担っています。コンポーネントライブラリの拡張に力を入れていたと聞き、当時から開発チーム内にデザイナーと協働する働き方がすっかり根付いていたのかと予想しましたが、実際はそうではなかったそうです。2019年6月に4人目のプロデザメンバーとして入社された宮原功治さんは当時をこう振り返ります。

> **宮原功治さん（VP of Product Design）**：2019年当時、プロデザのデザイナーは4名でした。それぞれのバックグラウンドが多様すぎて、開発メンバーの期待値はかなり

曖昧だったと思います。どちらかというと「何をしてくれる人たちなんだろう？」という様子でしたね。

宮原さんはこうした課題に対して、社内に「コミットメント」と「グループビジョン」を公開しています。プロデザはこういうことを担保し、こういう状態を目指しますという宣言のようなものです。ここではグループビジョンだけ簡単にご紹介します。
（全文が気になる方は「愛しさと切なさと SmartHR プロダクトデザイン組織のバイブスのアゲ方と」という宮原さんのブログを読んでみてください）

プロダクトデザイングループのビジョン（2019年当時）
- 「品質」に貢献するということ
- 「生産性」に貢献するということ

開発速度を早めるという目的のもと動いていたコンポーネントライブラリの拡充とビジョンの間には強い整合性を感じます。そのような狙いがあったかはわかりませんが、言葉にしたことで行動の説得力が強まり、プロデザに対する社内認知やプロデザ内の文化醸成にうまく作用したのではないかと思いました。

この宣言が、実はもう1つのデザイングループが動き出すきっかけにもなっています。それが「コミュニケーションデザイングループ（以降、コムデ）」です。コミュニケーションデザイングループはプロダクト以外のすべてのタッチポイントにおけるコミュニケーション設計・デザインを担っています。現在もコムデで活躍されるsamemaruさんはもともとプロデザの一員でしたが、プロデザのビジョン公開を受けて、2019年10月にコムデに異動しました。

> **samemaruさん**：プロデザのグループビジョン公開によって、開発においてデザイナーが担う範囲が明言されました。ただ、私は品質や生産性といった機能的な部分に加え、人の「認知」や認知を作る「表層部分のデザイン」にも重きを置いて考えていました。認知や表層部分を担うのがプロデザでないなら、コムデが担うべき領域なのではないかと思い、異動を決意しました。

コムデに異動して間もなく、samemaruさんはSmartHRというブランドを言語化するプロジェクトを始動します。

> **samemaruさん**：プロダクトのUIの表層デザインにおいて、拠り所となるものがな

いという課題感がありました。表層をより良くしたいと思っても、トーンアンドマナーやスタイルにはそもそもどういった表現を良いとするのかという根拠がないので、これが良いと言いきれない。「じゃあ、根拠はどこにあるのか?」と考えると、SmartHRというブランドがどうあるべきかを言語化する必要があったんです。ブランドを言語化するプロジェクトでは、まずはすでにデザイナーらが積み上げてきた「らしさ」の形式知化を実施し、マーケティングメンバーらと立てたブランド戦略をもとにこの「らしさ」を調整。そしてそれをブランドの基本ガイドラインとして策定するところまでを行いました。

これが、ブランドパーソナリティや基本要素に含まれるカラーを定義するための活動でした。パーソナリティやカラーはプロダクトだけではなく、マーケティングやPRなどサービスのクリエイティブ全般に影響があります。そのため、全社への説明や影響範囲の調査なども検討と同時に進めていたそうです。そうした活動も含め、ブランドを言語化するプロジェクトが一段落したのは2020年4月でした。

その翌月、コムデが定義したパーソナリティやカラーを土台として、コムデとプロデザで共通のガイドラインをまとめようという動きが新たに始まります。これが、SmartHR Design Systemの前身であるデザインガイドラインが1つとなり本格始動したタイミングでした。実はこの本格始動は、取材をするまで私が違和感を覚えていたポイントでした。プロデザにとって、基本要素はコンポーネントライブラリほど品質や生産性に影響のあるコンテンツなのだろうか?という疑問が浮かんだからです。

宮原さん:2020年はプロデザが4人増えたタイミングでした。4人増えたことで、デザインレビューなどの場面でコンテキストを説明する機会やコストが増えてきていることを感じていました。そのためレイアウトのパターンや、デザインがなぜこうなっているのか説明できるコンテンツを作らないと、組織としてスケールしていかないのではと思い始めたんです。当時は基本要素だけでなくデザインシステム全体にコンテキスト共有の役割を期待していました。

デザインガイドラインの検討は、コムデとプロデザそれぞれの課題感や目的を持ち寄り、各々がイメージするガイドラインのあるべき姿について擦り合わせをしたといいます。本論でご紹介している「WIPの精神」が明言されたのもこのタイミングだったそうです。他にも、コムデが定義したパーソナリティと実際のプロダクトのデザインとのつながりを改めて言語化し、チーム全員にインストールするようなワークショップも実施しました。そうした活動を経て2020年6月、SmartHR Design Systemのデザインガイドラインが初めて社外に公開されました。

デザインシステムに何をどうまとめる？

How do you put everything
together in a design system?

「デザインシステムを始めて、育てていくプロセスはイメージできたけれど、具体的なコンテンツの作り方がわからない」──ここでは、実際のデザインシステムにどんな要素があり、それぞれどう考えてまとめていくかを項目ごとに見ていきます。

3

デザインシステムに何をまとめるか

デザインシステムの構成要素に正解はありません。集約すべきは組織のための共有知であり、それは組織ごとに、またフェーズによっても異なるためです。以降は、SmartHR Design Systemを構成するコンテンツを例に、主だったテーマをピックアップして解説しています。デザインシステムの核になる要素にアプローチするヒントになれば幸いです。

3-1 イントロダクション

Introduction

デザインシステムとしてまとめる、組織のための共有知とは具体的にはどんなものでしょうか。SmartHR Design Systemの運営メンバーがどのように考え、デザインを言語化したか、実例を交えながら紹介します。

SmartHR Design Systemの構造

「デザインシステムには、何が必要か?」という問いに対して、私たちは「べき論で語るものではない」と考えています。目次から作るのではなく、自分たちが働くうえで必要なものを作ってから然るべき場所に収めることを繰り返した結果、自分たちにとって最適なデザインシステムが出来上がっていきます。成長に伴って、業務上の課題を解決するためにコンテンツを作るだけでなく、組織の変化に適応するためにコンテンツの適用範囲を見直すこともあります。

例えば2022年は、アクセシビリティに取り組んでいるプログレッシブデザイングループが誕生し、アクセシビリティを担う範囲がプロダクトだけでなく、マーケティング施策の特設サイトなどにも及ぶようになりました。そのため、アクセシビリティのセクションがプロダクト配下ではなく、デザインシステムの直下に移動しました。また、ライティングに関しても、SmartHR Design System自体のドキュメントも含め、プレスリリースやオウンドメディアの記事といった従業員が作成する文章すべてに範囲を広げ、基本要素の中に「伝わる文章」という項目を追加しました。

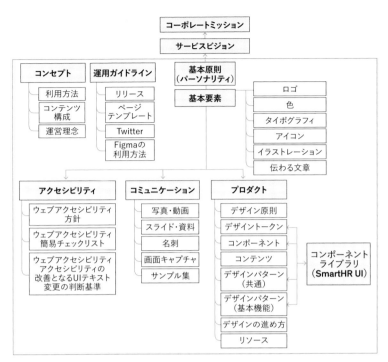

2022年末時点のSmartHR Design Systemの構成

このパートの使い方

SmartHR Design Systemは、従業員限定のブランドコンポーネントを除いて、基本的にすべてのコンテンツをウェブ上で公開しています。そのスタンスは、運営理念 (3-2) でも言及しています。このパートでは、デザインシステムに初めて触れる人でも、各項目がなぜ必要なのか、またどういった思考プロセスや背景から生み出されたのかを読み解けるように解説を加えたうえで、実例を紹介しています。

ここで「良い」とされているものは、あくまでもSmartHRにとっての基準です。もちろん、そのまま取り入れて使っていただいても構いません。ただ、あなた自身の目的に必ずしも沿わない可能性があることも忘れないでください。そのうえで、あなたにとっての最適解を見つけていただけたら幸いです。

3-2 運営理念

Operating Philosophy

運営理念とは、デザインシステムを始めるときの「宣言」です。「このデザインシステムがどういう目的で作られたか」を言葉にする作業は、チームの目線合わせにも効果を発揮します。

運営理念の役割

デザインシステムがデザイナーや開発者に閉じず、広く使われることを望むのならば、その目的を言語化することをおすすめします。「デザインシステム」という概念自体がまだ一般的なものではないこと、組織の状況によってデザインシステムの在り方自体がさまざまであることなどの背景からも、運営理念は組織にデザインシステムを浸透させるためのメッセージとして重要な意味を持ちます。

「何を書くか」について、考え込む必要はありません。デザインシステムを始めるにあたって、明確にした目的を書きます。運営チームがどういう目的でデザインシステムを始めたのか、誰にどんな状態になってほしいと願っているのかを、なるべく多くの人が理解できる表現で伝えましょう。まず運営側がスタンスを示して、利用者への期待を言葉にすれば、利用者からリクエストを得られる状態も生み出せます。

利用者が自分ゴト化しやすいことに言及する

運営理念を「ただ読んで終わり」のものにせず、利用者が自分ゴト化したうえで行動につなげていくには、ちょっとした仕掛けが必要です。利用者に自分ゴト化してもらうためには、会社のミッションやバリューなど、すでに相手にとって自分ゴト化されているものとの関連を明示しましょう。自分が会社のミッションやバリューを実践する助けになるものだと知れば、関心が生まれます。そこから実際に利用し、フィードバックをするというループにつながっていくでしょう。

SmartHRの場合

デザインシステムを作ろうと集まった有志が「ちいさくはじめた」当初、デザインシステムとは呼ぶにはまだ及ばないという理由から「デザインガイドライン」として公開していました。その当時から「社内ドキュメントであるけれど、公開しよう」「WIP (Work in Progress)でも構わずに掲載しよう」という運営方針は明文化していました (正しい原文は消失)。しかし、運営メンバー間の約束事はコンテキストが深い印象を与え、社内外から見たときに、決して開かれたものだとは捉えにくいものでした。

そこで、運営理念として「誰のためのものであるか」「運営メンバーはどういうスタンスで関わっているか」「SmartHRに根づくオープンネスの背景」「提供できるコンテンツの状態と質」の4点を明確にしました。デザインシステムの運営メンバーが利用者に何を提供し、利用者とどんな関係を築いていきたいと考えているか、いわばSmartHR Design Systemの自己紹介のようなものとなりました。

運営理念

SmartHR Design Systemは、 あなたを応援するためにあります

SmartHR Design Systemは、株式会社SmartHRの従業員が運営しています。

私たちは、4つの理念をもって運営します。

社会を、働く人を、あなたを応援します
SmartHRはサービスビジョンである「Employee First.」を体現するためのものです。
SmartHRは「働く」にまつわるすべての人を後押しするためにあります。

それを支えるSmartHR Design Systemは、私たちだけではなく、すべての働く人に、デザインにおける「効率と迷いのなさ」、事業や企画を広く・正しく世の中に伝えるための「資産」を提供します。

私たちのデザイン、そしてSmartHR Design Systemを形成する思想・哲学・物事は、組織の従業員としてではない「あなた」という個人が、社会との接点を築くうえで役に立つことを願っています。

思想や哲学を大事にします

思想や哲学のないデザインは空虚です。それはただ道具と素材と格言が寄せ集まったものになってしまうでしょう。

しかし、私たちにはミッションとバリューがあります。
この考えに共感した私たちは協働しています。そして具体的な行動に結びつけ、「働く」ことをこの瞬間も実践しています。

踏み込むことを恐れず、世に問い、挑戦し、自らより良い価値を追求します。ときに間違うこともあるかもしれませんが、私たちはすぐに修正し、歩みつづけます。

私たちには確固たる思想と哲学があります。そして自問自答しながらデザインを実践します。

公共に貢献するために、公開します

私たちは、情報をやみくもに閉じることなく、できる限り公開します。

情報をオープンにすることは、私たちの間で無用な齟齬・苦労を避けるだけでなく、社会にも"車輪の再発明"を減らすなど、良い影響をもたらすと考えています。
SmartHRがリリース当初からe-Gov APIライブラリ「kiji」をオープンソースにしてきたように、知識や情報を共有して、社会に貢献します。

情報格差を生まないことが、組織や仕組みをフラットにし、世の中をより良くすると信じています。

WIPの精神で、すばやい提供を最優先します

SmartHR Design Systemには、書きかけのコンテンツや内容が不足している箇所があります。

これは、いっときの整った完成を目指すのではなく、目の前の課題を解決するために、小さくてもすばやい提供と改善を続けているからです。
私たちのサービスは、常に改善を続け、完成することはありません。

SmartHR Design Systemもまた、小さな改善をすばやく繰り返し、更新を続けます。
未完成の状態を恐れずに、課題の解決を優先するために、WIP(Work In Progress:進行中の取り組み)の精神で、運営します。

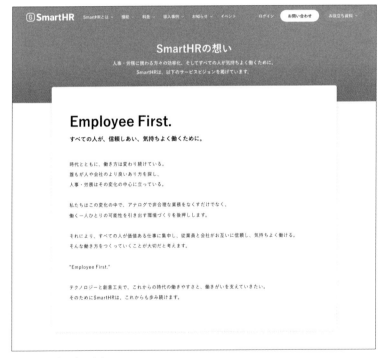

SmartHR サービスビジョン

3-3　パーソナリティ

Personality

ブランドパーソナリティは、ブランドらしさを構成するブランド基盤の1つです。SmartHRではデザインシステムの基本原則として定義しています。ブランドが醸し出す雰囲気や感じられる印象を言語化したもので、ブランドに関わる人が「らしさ」を適切に捉えるための拠り所として機能します。

デザインシステムとしてのパーソナリティの役割

ユーザーや潜在顧客といったステークホルダーの頭の中にブランドを作っていくためには、あらゆるタッチポイントでブランドを体現することが大切です。そのためには、ブランドの「らしさ」を言語化した、組織全体の共通言語が必要になります。ここでよく用いられるのがブランドパーソナリティです。ブランド論の大家であるデービッド・アーカーによれば、その定義は「ある所与のブランドから連想される、人間的特性の集合」といわれています。ブランドが醸し出す雰囲気やブランドの印象を想起しやすいよう、人柄を表すような表現で定義します。

ブランドパーソナリティは表層のビジュアル表現だけに限らず、ライティングや体験の設計においても参照されます。デザインシステムで提供するコンテンツを作るときも、当然パーソナリティに沿っているか確認します。SmartHRの場合、個別施策から生まれたアウトプットをデザインシステムのガイドラインやコンポーネントとして汎用化することも多くあります。この個別最適化されていた表現を再利用可能な状態に調整するタイミングで、必ずパーソナリティを意識するようにしています。デザインシステムにパーソナリティが反映されているコンテンツを増やしていくことで、誰もがブランドらしさを体現できる状態が作られていきます。

ブランドパーソナリティをどう定義すべきか

では、組織全体で体現すべきブランドの「らしさ」は何をもとに定義すべきで

しょうか。経営の視点で見れば、ブランドは無形の経営資源です。経営戦略では、いかに自社の経営資源を活用してビジョンを実現するかに焦点が置かれます。つまり、ブランドもビジョン実現に向けた戦略に組み込まれるべきものといえます。経営戦略を立てるときに内部環境と外部環境の両方が考慮されるように、ブランドを定義する際にも外部環境は重要です。自社の「ありたい姿」だけをもとに定義することは、戦略という観点からは推奨されません。ミクロに見れば市場内でのポジショニングや競合との差別化、マクロに見ればトレンドやマーケット状況などの経済的変化、世論動向やライフスタイルといった社会的な価値観の変化など。自社の置かれている状況を見極め、ビジョン実現に向けてどのようなブランドを構築するのか、そのためにはどういった振る舞いが必要かを判断します。そして、これを定義・言語化したものがパーソナリティです。

パーソナリティが経営戦略から定義されると、デザインシステムにパーソナリティが含まれていることの価値が大きくなります。単にクリエイティブ方針として定義した場合、パーソナリティの効果は、一貫した表現や体験の実現にとどまってしまいます。しかし、経営戦略と紐付いていることで、パーソナリティが活用されればされるほど、経営戦略が実行されるという意味を持ちます。

ブランドパーソナリティの決め時・見直し時

経営戦略の一部として検討されるものなので適切なタイミングを明言するのは難しいですが、できるだけ初期に設定しておくほうがよいでしょう。組織が拡大していくと、各々が思い描く「らしさ」が出来上がってしまい、共通認識を作っていくのが難しくなります。

また、パーソナリティは一度定義したら終わりではありません。外部環境や組織の状況によって経営戦略を調整していくように、パーソナリティも変化に合わせて調整していきます。経営戦略を見直すタイミングに、併せて見直すかどうか検討してもよいでしょう。ブランド調査などを通じて、現在のブランドイメージがどうなっているのか、経営戦略において意図した効果を生み出せているか定期的に観測しておくことも有効です。

ブランドパーソナリティを共通言語としてチームに浸透させるために

定義したパーソナリティを組織に展開するときには、対象も明示しましょう。パーソナリティ表現は抽象度が高く、間違った受け止められ方をしてしまう場合があります。SmartHRの場合、パーソナリティは「サービスビジョン」を表現するためのものだと明言しています。サービスのコアであるプロダクトはもちろん、サービス全体での「SmartHRらしい振る舞い」の拠り所となるものです。

> パーソナリティは、私たちがSmartHRサービスビジョンをSmartHRらしく実現するために定めているもので、お客さまとSmartHRとの間におけるコミュニケーションの軸となるものです。
> ロゴや色といったブランドの基本要素や、プロダクト・広告・プロモーションツールなどのあらゆる接点に、原則となるパーソナリティがもつ特徴を反映していくことでサービスビジョンを表現をぶれずに行なえます。

対象を明示する以外に、意図を伝えるための説明文を用意することも大切です。印象を表現した単語だけでは、解釈の幅が広がってしまうので、解釈を揃えるために説明文を添えています。

誠実
SmartHRは、会社と働く人、どちらも安心して利用できるサービスを提供します。
数字や情報は適切に扱い、誤解をあたえるような表現はしません。

ポジティブ
SmartHRは、複雑な課題でも前向きに向き合い、前例にとらわれずこれからのスタンダードをつくっていきます。
また明るく前向きなふるまいは、SmartHRとお客さまとのコミュニケーションをスムーズにします。

わかりやすい
SmartHRは、理解しやすくすっきりと伝わる表現を用います。

明快なサービスは、使う人を明るい気持ちにします。

親しみやすい

SmartHRは、気軽に話しかけられる、いつも隣のデスクにいるような身近な存在です。

必要以上に格式ばった表現や、人を緊張させるようなふるまいはしません。

恒常的に擦り合わせをする

デザインを主体的に扱うチームが拡大していくと、認識を擦り合わせていくことの重要性が増していきます。特にパーソナリティのようなルールではなく指針の場合、意図や背景に対する理解もチームに浸透している必要があります。組織に認識の「軸」が生まれることで、「らしさ」を担保しつつ柔軟なアレンジや挑戦もできるようになります。

チームへの浸透方法として以下に例を挙げます。

- ブランドをリードするデザイナーが施策ごとに制作するクリエイティブで、「らしい」デザインを体現しチームに共有する
- ブランドに対する解像度を高めるために、ブランドブックやブランドサイトを制作する
- デザインレビューの観点にパーソナリティを取り入れる
- パーソナリティをテーマにしたワークショップを開催する
- パーソナリティを可視化するフレームワークを作る

トンマナダーツ

パーソナリティを可視化するフレームワークの具体例として、SmartHRで実施したワークショップを紹介します。

SmartHRのコミュニケーションデザイングループでは、ブランドパーソナリティを使った「トンマナダーツ」というワークショップを半年に一度実施しています。このフレームは、本来のダーツのように中央を狙うことが目的ではありません。「制作物のトーン&マナー」がパーソナリティに当てはめるとどの位置にあるか、をマッピングするためのものです。 中心からの距離で「どれほど

SmartHRらしいのか」を表し、5つに区切られた範囲のどこに置くかで4つの
パーソナリティのどれに近いのか、もしくはどれにも当てはまらないかを可視
化していきます。

このフレームワークを使ってこれまでの制作物をマッピングしていくと、お互
いの認識が相対化されて見えてきます。パーソナリティを自分がどう認識して
いるかを言葉で説明したり擦り合わせたりするのは至難の業です。トンマナ
ダーツを使うと認識のズレやチーム全体が意識している範囲が可視化される
ため、メンバー間での対話がしやすくなります。またサンプルが溜まっていく
ことで、新たな表現を模索したり施策の目的に合わせてどこのトンマナを狙
うべきかという議論をするときにも役立ちます。

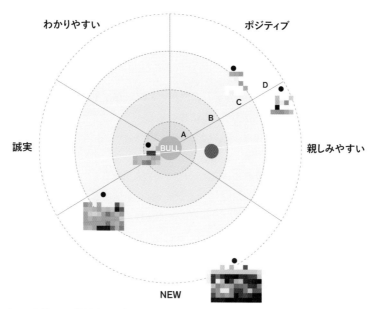

トンマナダーツの使用イメージ

3-4 ロゴ

Logo

ロゴは、基本的にモチーフを図案化した「ロゴマーク」と、図案化・装飾化された文字列「ロゴタイプ」の片方、もしくは両方から構成されたものを指します。ロゴは、サービスや企業、ブランドのシンボルとして、社会での存在感を高めるうえで重要な役割を果たします。

ロゴの役割

人間の多くは、文字よりも絵や写真を見たときのほうが関心を持ちやすく、記憶しやすいという性質を持っています。人々がサービスや企業とのタッチポイントを体験したとき、そのイメージとロゴは紐づけて記憶されます。それが繰り返されることで、好意的な体験とともにロゴがあれば、それが愛着や信頼につながっていきます。それだけロゴは、企業と社会をつなぐ重要な役割を担っているのです。

ロゴはほとんどのタッチポイントに用いられる、ブランドの象徴です。サービスや企業を表すブランドの基盤なので、立ち上げ時に定義するのが理想的です。順序としては色と合わせて定義するのがいいでしょう。ここではロゴの作成後のガイドラインと運用についてまとめます。

ガイドライン策定

デザインシステムのコンテンツの中でも、ロゴに関するドキュメントは、組織内だけでなく外部の利用者も想定しながら用意する必要があります。組織によっては、プレスキットとともにブランドガイドラインとして別に公開しているケースもあります。

ロゴがすでにあるのならば、基本的なレギュレーションは早々に定義しておくとよいでしょう。最低限、アイソレーション、配色、禁止事項は決めておきましょう。多くの企業・サービスのロゴに関するレギュレーションは公開さ

れているので、それらを参考にしてみるのも手です。

ロゴのガイドラインのスタンス

ロゴにガイドラインを設ける目的はなんでしょうか。ロゴを扱う人、ロゴを目
にする人に、意図したブランド認知をしてもらうためです。もし、ロゴの上に
文字が被ったレイアウトが世の中に出てしまえば、正しいブランド認知を積
み上げられません。また、粗雑な扱いをしてもいいブランドだと認知されてし
まう懸念もあります。

しかし、ガイドラインは「必ず守らなければならない法律」ではありません。「こ
れを守るとロゴが適切に伝えられる状態になる」というものです。広告施策と
して最適な表現を検討した結果、ガイドラインからはみ出した表現を選ぶこ
ともあり得ます。また、ロゴがデザインされる対象も平面とは限りません。セー
ターは網目数が決まっていますし、ゴルフボールに印刷するとどうしても歪み
は発生します。SmartHRでは、ガイドラインにそのまま準拠するのが難しい
場合は、都度ロゴを管理するデザイナーを中心に相談し、最適な表現を調
整しています。

ロゴを使用した例

かわいいヤギのセーター

ゴルフボール

お客さま向けギフト

コーポレートサイト

アイソレーションのチェックはFigmaで

SmartHRでは、ロゴの利用方法に問題がないかの問い合わせが、平均して週に2件ほどあります。本来の意図から乖離していないかのチェックと同時に、アイソレーションを機械的に確認をしています。

ロゴとそのアイソレーションエリア

Figmaに「ロゴのアイソレーションチェック」専用プロジェクトを作成しています。あらかじめ用意してあるアイソレーションエリアとロゴの下に確認したい画像を配置し、ロゴを重ねてチェックをするというものです。非常にシンプルではありますが、スピーディーに回答ができるのでおすすめです。また、OK事例・NG事例もこのFigmaプロジェクト内に蓄積されるので、運用の知見も簡易にためていくことができます。

3-5 タイポグラフィ

Typography

タイポグラフィは、ロゴと並んでブランドの基盤となる要素です。ほとんどの制作物にテキストが欠かせないように、タイポグラフィのガイドラインを作ることは、一貫したブランドの体現につながります。

タイポグラフィの役割

フォントは統一されたコンセプトでデザインされた文字一式であり、デジタルフォントの登場以降、フォントの選択肢は格段に広がりました。フォントの選定はブランドの印象の方向性を決める重要なポイントとなります。印刷やデジタル問わずあらゆる媒体で共通のフォントを使用することで、ユーザーが日常的・無意識的に受け取るブランドの印象を醸成する効果があります。

フォントの選び方

フォント選定で考慮するポイントは主に以下になります。

1. どういう印象で伝わるか
2. どんな媒体でも使えるか
3. 誰でもアクセスしやすいか、使えるか

デザインがブランドの目指す印象に見合ったものであることも大事ですが、文章として文字が並んだときに伝わるかも意識しましょう。個性的なフォントは印象に残りやすい一方で、読みづらい可能性もあります。アクセシビリティ・読みやすさに対する配慮は忘れないようにしましょう。

SmartHRのようなデジタルプロダクトを提供している組織に限らず、ウェブ環境で使用するフォントの方針を決めることは避けられません。バナーや動画制作においてはフォントの制約はありませんが、ブラウジングするウェブサイトの場合はそうはいきません。ホームページなどにも推奨フォントを適用し

ようとした場合に、ウェブフォントが必要になったり、動作が重くなったりするといった懸念があります。代替フォントや総称フォントを決めておく、「ここぞ！」というサイトにのみウェブフォントを使うなど方針を考えましょう。

また、サービスの目的や特性に合わせて選定するフォントの収録文字数にも配慮が必要です。企業のビジネスドメインによっては、多言語をサポートするために複数言語の文字種を収録しているフォントを選んだり、漢字の文字種を多数収録している日本語フォントを選んだりする必要があるからです。なお、SmartHRでは、プロダクトのフォントに関しては、業務アプリケーションという特性からユーザーが慣れ親しんでいる環境を尊重しています (3-12-2)。

フォントを使って、タッチポイントの制作に携わるのはデザイナーとは限りません。デザイナーなど、一部の限られた人にしか使えないフォントを使うと、それがボトルネックになることがあります。システムフォントであれば、全従業員が利用できます。

SmartHRの場合

SmartHRでは、「游ゴシック」を採用しています。字面が小さめに設計されていて全体的にゆとりがあり、1文字ごとの識別性に優れている、長文でも読みやすいスタンダードなゴシック体のフォントです。人事労務や関連する法制度などを説明するコミュニケーションが欠かせないSmartHRにとっては、相性の良いフォントといえるでしょう。加えて、一般的なゴシック体と比較して文字のエレメントに丸みが施されていることで、やわらかさや親しみやすい印象を与えられます。また、macOSに標準インストールされているシステムフォントであることも、採用された理由の1つです。SmartHRでは、入社時に全社員にMacが支給されるため、全従業員が使用できる環境が整っていました。

遊ゴシック体 L

すべての人が、信頼しあい、気持ちよく働くために。

遊ゴシック体 R

すべての人が、信頼しあい、気持ちよく働くために。

遊ゴシック体 M

すべての人が、信頼しあい、気持ちよく働くために。

遊ゴシック体 D

すべての人が、信頼しあい、気持ちよく働くために。

遊ゴシック体 B

すべての人が、信頼しあい、気持ちよく働くために。

遊ゴシック体 E

すべての人が、信頼しあい、気持ちよく働くために。

遊ゴシック体 H

すべての人が、信頼しあい、気持ちよく働くために。

游ゴシック体のウェイト展開

3-6 伝わる文章

Communicative Writing

相手に伝わる文章を書くための基本的な考え方をまとめています。プレスリリースやサービスサイトのお知らせ、オウンドメディアの記事など、SmartHRの従業員が作成する文章すべてを想定しています。

全従業員を対象とした文章の基本

SmartHRのパーソナリティには、「誠実」と「わかりやすい」というキーワードがあります。そこで、全従業員に向けたライティングガイドラインは、「相手に誠実に、わかりやすい文章を書くための心がけ」として公開しました。一方で、文章の添削を受けた経験がない人にとっては、注意点だけを挙げられても、具体的にどう書けばよいのかをイメージしづらいでしょう。そこで、14もの実例のBefore/Afterを併せて掲載しました。この実例は、広報とコンテンツマーケティングのメンバーの協力も得て、UXライターが作成しました。以下に一例を示します。

Before

> 1ヶ月の契約期間中に登録された従業員情報(在籍中+休職中)の最大人数×単価が契約終了日の翌日にクレジットカード決済されます。

「金額の内訳」と「決済」の2つの情報が一文で書かれています。また、主語と述語が曖昧になり、一読して理解しづらい内容になっています。

After

> 請求額は、1ヶ月の契約期間中に登録された従業員情報(在籍中+休職中)の最大人数×単価です。契約終了日の翌日にクレジットカード決済が行なわれます。

文章を2つに分けたことで、「金額の内訳」と「決済」の情報をそれぞれ理解しやすくなります。

伝わる文章のガイドライン

何を伝えるかによって、必要な情報の量や説明の粒度は異なります。情報が不足していたり、逆に情報が多すぎたりすると、読者が意図を読み取れないことがあります。　読み手となる相手の状況 (読む場面、事前知識など)をふまえ、言葉にする内容や表現を厳選することが大切です。

- 読者の目線に立ち、コンテンツの目的に合わせて情報を取捨選択しましょう
- 読者が受け取る印象を意識して、適切な言葉を選んで書きましょう
- 文章を構成する要素を意識し、文法を正しく守って書きましょう

チェックリスト

チェックリストも作成し、文章を書き上げたときに自己レビューができるようにしています。

読者が理解できる言葉を使っているか

☐ 一般的でない、読者によって受け取る意味が異なる言葉を使っていないか

☐ 意味の解釈が人によって異なりそうなカタカナ言葉を多用していないか
　　☐ 漢字への言い換えを検討できないか

☐ 同じ意味の言葉を別の言葉で表現しているなど、言葉の揺れがないか

☐ 「旧い」や「想い」など、常用漢字表にない読み方を使用していないか
　　・基本的に常用漢字を使いましょう。ただし、マーケティングメッセージなど、あえて常用漢字ではない表現を意図的に使うケースは、この限りではありません。

与えたい印象と異なる言葉選びをしていないか

☐ 漢字を多く使用しすぎて、難解な印象や威圧感を与えていないか

☐ ひらがなを多く使用しすぎて、子どもを相手にするような印象を与えていないか
　　☐ ひらがなに相当する漢字が何かを判断する手間が読み手に頻繁に発生していないか

☐ 同じ言葉を繰り返して使ってしまい、読みづらくなっていたり、稚拙な印象を与えていたりしていないか

□ SmartHRのパーソナリティに沿わない言葉を使用していないか

正確かつ客観的に内容を受け取ってもらえる言葉を使っているか
□ 過度にネガティブな印象を与える表現になっていないか

短文で書けているか
□ 一文が長くなっていないか（一文の目安は50文字程度）
　□「〇〇できる」を「〇〇することができる」としているなど、冗長な表現がないか
□ 複数の意味が一文に含まれていないか
□ なくても意味の通じる補足を入れていないか
　□ 補足することで主語と述語が離れたり、係り受けが曖昧になっていないか
　□「また」「そして」など、なくても意味が通じる接続詞がないか
　□ 同じことを別の言葉で繰り返しているなど、情報の重複がないか
□ 並列の情報が続く場合、箇条書きにできないか

「主語」を意識して書けているか
□ 主語を省略していないか
□ 主語を省略する場合、省略して意味が伝わりづらくなっていないか

格助詞を省略せずに書けているか
□ 格助詞が省かれてしまい、言葉同士の関係性がわかりづらくなっていないか

読点（、）を正しい位置に打てているか
□ 無駄な読点が多く、文章が細切れになって読みづらくなっていないか
□ 読点が少なすぎて、意味のかたまりや文の区切りがわかりづらくなっていないか

不要な二重否定がないか
□「～できないこともありません」よりも「～できます」など、肯定文で表現できないか

3-7 アイコン

Icon

アイコンは、意味や特徴を図形で表現し、記号として意図を伝えることができるという特性から、幅広い場面で利用されます。プロダクトはもちろん、各ウェブサイトや営業資料など多岐にわたります。

アイコン利用のガイドライン

多様な媒体やシーンで使われるアイコンには、2点注意すべきことがあります。1点目は表現の一貫性です。表現の一貫性を保つために、媒体やシーンに応じて選択できるように拡張子や配色などを複数パターン作成し、利用者に向けてはパターンの使い分けや使い方を示します。

どのような種類の画像がダウンロードできるかを伝える画像

2点目は、意味の一貫性です。アイコンにはテキスト表現を使わずに記号として意味を伝える役目があります。そのため、言葉の表記揺れのように、人によってアイコンで表現しようとする意味が変われば、受け手は意味を間違って受け取ってしまうでしょう。

SmartHRでは利用ガイドラインを以下のように定めています。

SmartHRのアイコン利用のガイドライン

- SmartHRに関するシーンでどこでも使用できます
- solidとoutlineの2種類があります。シーンに合わせて適したほうを選んでください

outlineのアイコンとsolidのアイコン

- 基本的に、視認性の高いoutlineを使用してください
- solidとoutlineの混在は避けてください

意味を限定するアイコンの例

機能や仕様といった、特定の意味に限定するアイコンです。特定の意味を示すものとして利用してください。

意味	アイコン	補足
従業員データベース		「従業員リスト」「従業員情報」として利用することもあります
手続き		
申請		
給与明細		
お知らせ掲示板		

意味	アイコン	補足
マイナンバー		
電子申請		
源泉徴収票		
設定		
カスタム社員名簿		
組織図		
年末調整		
文書配付		
分析レポート		
従業員サーベイ		
人事評価		
ファイル一括 アップロード		
通勤経路検索		
サービス連携		

意味	アイコン	補足
多言語化対応		
SAML/SSO認証		旧デザインのため、利用は非推奨です。
API連携		
履歴閲覧・編集		
履歴登録		
予約管理		
CSVカスタムダウンロード		

意味を限定しないアイコンの例

汎用的なアイコンがあると助かる場面もあるので、意味を限定しないアイコンも用意しています。

アイコン

アイコンデザインのガイドライン

アイコンについては、利用者だけでなく制作者に向けたガイドラインも必要です。デジタルプロダクトにおいて、アイコンは多用される要素です。プロダクトや機能が増えるたびに、新しく作成する必要が生じます。そのため、すべてのアイコンをオリジナルで作成しようとするとかなりのコストがかかってしまいます。プロダクト内におけるアイコンの一貫性を保つには、アイコン作成にかかるコストを抑えることも重要です。

SmartHRの場合、基本的にFont Awesomeのアイコンを利用しています。特定の機能を示すアイコンが必要でFont Awesomeに適したものがない場合には、オリジナルで作成します。その際も、Font Awesomeのトーンに従って作成しています。これによりFont Awesomeのアイコンとオリジナルで作成したアイコンが混在する画面においても、アイコンの印象を統一することができています。

以下では、具体的にSmartHRのアイコン作成のガイドラインを紹介します。

SmartHRのアイコン作成ガイドライン

- **アイコンは、基本的にFont Awesome (Freeプラン)から選定します。適したアイコンがない場合は、トンマナを合わせてオリジナルで作成します。**これは、アイコンのデザイントンマナをプロダクトで数多く利用しているFont Awesomeに合わせて統一することで、サービス全体で一環した印象を保つためです
- 既存アイコンがFont AwesomeかリジナルかはFigma上に記載しています
- アイコンはoutlineとsolidの2種類を用意します

1. Font Awesomeを利用する方法

- outline / solidどちらも、Font Awesome のFreeプランから選定して、利用してください
- solidがFreeプランに含まれていても、outline (Font Awesome内での表記はRegular)は別プランの場合があります。その場合は以下のルールで作成してください

事例	作成方法
outline (Regular)がsolidを反転した形状	outline、solidどちらもオリジナルで作成
outline (Regular)がsolidの反転とは違う形状	solidはFont Awesomeを利用。outlineはsolidを反転する形でオリジナルで作成

※Font Awesome ver 6.0.0 時点

2. オリジナルで作成する方法

オリジナルで作成する場合は、Font Awesomeアイコンのトーンに合わせ、並んだときに違和感のないよう作成してください。

outlineはFont AwesomeのRegular、solidはFont AwesomeのSolidに見た目を合わせます。

アートボードサイズ

128×128pxで作成してください。

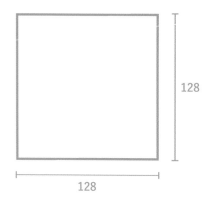

アートボードの横幅と縦幅に128pxと記載されている

レイアウト

アイコンの周りには上下左右に各8pxの余白を確保してください。

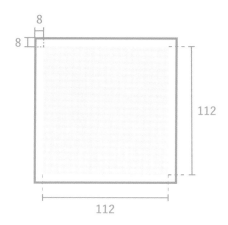

アートボードの外枠から上下左右の余白に8px、アイコンを作成するエリアの横幅と縦幅に112pxと記載されている

基本形状

マスターデータ内に、Font Awesomeのアイコンと並んだときに違和感のないようなKeylineを配置しています。

できるだけKeylineに合わせることで、サイズ感や形状など見た目を統一できます。

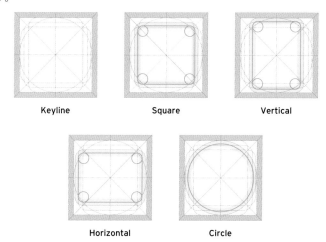

Keyline、Keylineに図形を合わせた場合の図

線 | 基本を半径10pxとして作成してください。

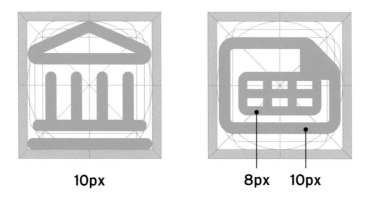

10px　　　　　　　　8px　10px

10pxの線で構成されたアイコン、8pxと10pxの線で構成されたアイコン

角丸 | 基本を8pxとして作成してください。

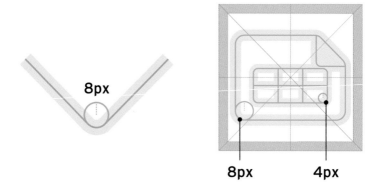

8px　　　　　　　　8px　　　4px

8pxの角丸、8pxと4pxの角丸で構成されたアイコン

その他：SolidとOutlineのサイズ感を揃える方法

- 先にoutlineのアイコンを作成します
- solidを作成する際はoutlineの線を残したまま塗りをつけるとサイズ感が変わらずに作成できます

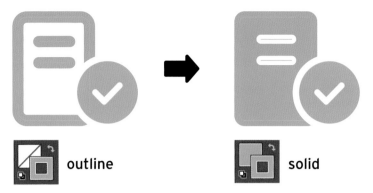

線色がONになっているアイコン、線色と塗りがONになっているアイコン

線のみで構成されているアイコン｜outlineアイコンを先に作成し、Font Awesome のOutlineをベースに線の太さを調整してsolidアイコンを作成してください。

Font Awesomeの**Regular**と**Solid**の関係を参考にして作成してください。

空白のサイズ｜solid作成時、隣接した色ベタの間に空白を入れる場合は6px 空けてください。

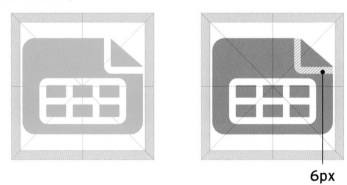

solidのアイコン、solidのアイコンの余白部分がハイライトされている

ガイドラインに当てはめられない場合｜ガイドラインに沿って作成するのが難 しい場合は、ガイドラインを逸脱し作成しても構いません。認識しやすい形 状であり、なおかつ他のアイコンと見た目が統一されていることを優先し作成 してください。

SmartHRの人々から見たSmartHR Design System

プロダクトのカラーリング刷新

コラムの執筆にあたり、SmartHR Design Systemに関わりの深い9名に取材をしました。取材の中で必ず聞いていた質問がいくつかあります。その1つが、「SmartHR Design Systemを語るなら絶対抑えておいたほうがいいという出来事はありますか?」というもの。

SmartHR Design Systemには、複数人で拡充してきたという積み重ねがあります。どのコンテンツに思い入れがあるかは人によって違うのでは、という仮説からこの質問を投げかけていました。この質問に対し、SmartHR Design System公開前夜で話してくれたふたりだけは同じ出来事を挙げました。

それが、プロダクトのカラーリング刷新です。2020年6月に公開された「基本要素」では、カラーセットが定義されています。基本要素はプロダクトとコミュニケーションそれぞれのデザインの基礎になるものとして定義されているため、プロダクトのUIにもこのカラーセットのカラーリングを反映していく必要があります。そこで2020年10月から、カラーリング刷新のプロジェクトが始動します。

> 宮原功治さん (VP of Product Design)：カラーリングの刷新はSmartHR Design Systemにおいて象徴的な出来事だったと思います。プロダクトの品質を高めるために視認性を挙げたいというプロダクトデザイングループ (以降、プロデザ)と、ルックアンドフィールを統一してブランドを作っていきたいコミュニケーションデザイングループ (以降、コムデ)の目的が気持ちよく合致して、良い結果が得られたプロジェクトでしたね。

プロデザがカラーリング刷新に期待をよせていたのは、特に「視認性の向上」だったといいます。以前のUIに使われていたカラーセットはコントラスト比が弱く、アクセシビリティ観点で課題がありました。新たなカラーリングにすることでアクセシビリティの向上も期待していたといいます。

カラーリングの置き換えには、1か月の移行期間が設定されました。コンポーネントラ

イブラリの一括置き換えで対応できる部分もあれば個別対応が必要な部分もあり、その量は画面によっても異なるため、各開発チームで状況を見ながら差し替え対応をしていったそうです。

さらに、カラーリング刷新はプロダクトに反映して終わりではありません。チャットサポートやカスタマーサクセスを担当しているチームでは、プロダクトの画面を元にした説明資料やヘルプセンターなどのサポートコンテンツを作成しています。そうしたユーザー支援のためのコンテンツで使っている画像の差し替えも必要となります。

> **samemaruさん**（コムデのデザイナー）：すべての画面のスクリーンショットを撮り直して差し替えるのは現実的ではありません。ですが、操作手順を理解してもらうための資料やサポートコンテンツで、ボタンの色が違ったり画面の印象が違ったりするとユーザーが混乱してしまいます。そこで、既存のスクリーンショットを共有してもらい、それをコムデが画像編集ソフトで新しいカラーに加工するという対応をとりました。体制を整えて挑んだので、結果的にはスムーズに対応できました。

samemaruさんがこうしたプロダクト以外への影響反映も適切に把握できていた背景には、事前のコミュニケーションを丁寧に実施していたことがあります。

> **samemaruさん**：開発チームはもちろん、ビジネスサイドのチームも含めて全社に説明してまわっていました。各チームのミーティングにおじゃまさせてもらって、プロジェクトについての説明をさせてもらいました。協力してもらわなければいけない部分も多いので、なぜ色を変える必要があるのか？という理由に対して納得感を持ってもらう必要があると感じていたんです。あるチームではアクセシビリティの目的を強調したり、あるチームでは体験を横断して統一する目的を強調したり。チームごとにやる意義を感じてもらうためのコミュニケーションを強く意識していましたね。

そうして、無事2021年2月にはプロダクトの全機能および資料やサポートコンテンツにおける反映が完了しました。

3-8 色

Color

デザインシステムを構築する際、「色」は避けて通れない基礎的な要素です。プロダクトのみならず、ブランディングやサービスコミュニケーションにおいてもコアになる「色」は、視覚表現を伴うすべてのコンテンツに影響するため、順序としてもはじめに定義することになるでしょう。

特にメインカラーは、ブランドの印象を定義するとともに、サービスの根幹となる思想と連関する色です。メインカラーに添えるカラー群も、汎用性を備えつつオリジナリティのあるパレットに組み立てなくてはなりません。

ここでは主にコミュニケーションデザイナーが定義した内容と経緯を解説しますが、これらはデザイントークンに派生し、プロダクトに還元される定義でもあります。

色の構成

SmartHR Design Systemでは、「Primary Brand Color」、「Secondary Brand Colors」、「Extended Colors」の3種のカラーセットを定義しています。これは必ずしも皆さんにこのカラーセットをすすめるというものではありません。世界のさまざまなブランドガイドラインを参照しながら、ぜひ自分たちらしい解釈の生きる構成を見出してください。

Primary Brand Color

ブランドの中心となるメインカラーです。

SmartHR Blue
#00c4cc
rgb(0,196,204)
CMYK(70, 0, 30, 0)、DIC 96、PANTONE 2397
白地でのテキストへの使用は非推奨です。

Secondary Brand Colors

Primary Brand Colorを引き立たせるカラーです。SmartHR Design Systemでは、Primaryと合わせてここまでをブランドカラーとしています。

Black
#23221f
rgb(35,34,31)
テキストへの使用を推奨します。

Orange
#ff9900
rgb(255,153,0)
アクセントとしての使用を推奨します。

White
#ffffff
rgb(255,255,255)

Extended Colors

Primary Brand Color、Secondary Brand Colorsと調和するカラー群です。

Stone

Stone01
#f8f7f6
rgb(248,247,246)

Stone02
#edebe6
rgb(237,235,230)

Stone03
#aaa69f
rgb(170,166,159)

Stone04
#4e4c49
rgb(78,76,73)
テキストへの利用を推奨します。

Aqua

Aqua01
#d4f4f5
rgb(212,244,245)

Aqua02
#69d9de
rgb(105,217,222)

Aqua03
#12abb1
rgb(18,171,177)

Aqua04
#0f7f85
rgb(15,127,133)
テキストへの使用を推奨します。

Sakura

Sakura01
#f9e9f7
rgb(249,233,247)

Sakura02
#f8b2e1
rgb(248,178,225)

Sakura03
#d362af
rgb(211,98,175)

Sakura04
#82407c
rgb(130,64,124)

Momiji

Momiji01
#ffe7e5
rgb(255,231,229)

Momiji02
#ff9e9c
rgb(255,158,156)

Momiji03
#ec5a55
rgb(236,90,85)

Momiji04
#a53f3f
rgb(165,63,63)

Sunlight

Sunlight01
#faf2d0
rgb(250,242,208)

Sunlight02
#ffee11
rgb(255,238,17)

Sunlight03
#ffd74a
rgb(255,215,74)

Sunlight04
#f56121
rgb(245,97,33)

Grass

Grass01
#e6f2c8
rgb(230,242,200)

Grass02
#aee26b
rgb(174,226,107)

Grass03
#3dcc65
rgb(61,204,101)

Grass04
#378445
rgb(55,132,69)

Sky

Sky01
#ddf2fb
rgb(221,242,251)

Sky02
#8fe2fc
rgb(143,226,252)

Sky03
#32b7f0
rgb(50,183,240)

Sky04
#1376a0
rgb(19,118,160)

Marine

Marine01
#dee9ff
rgb(222,233,255)

Marine02
#8ac0ff
rgb(138,192,255)

Marine03
#0075e3
rgb(0,117,227)

Marine04
#26519f
rgb(38,81,159)

Galaxy

Galaxy01
#eee5fd
rgb(238,229,253)

Galaxy02
#9d8ef8
rgb(157,142,248)

Galaxy03
#8c5eee
rgb(140,94,238)

Galaxy04
#6e4ca6
rgb(110,76,166)

Earth

Earth01
#fbede1
rgb(251,237,225)

Earth02
#f2d3a4
rgb(242,211,164)

Earth03
#ba621e
rgb(186,98,30)

Earth04
#76533e
rgb(118,83,62)

色の決め方

Primary Brand Colorの考え方

メインカラーを定義します。SmartHRでは、ブランドカラーの青緑＝SmartHR Blueをメインに定義しています。もし「コーポレートカラー」や「ブランドカラー」と聞いて思い浮かぶ色がまだないのであれば、デザインシステムを構築するフェーズではないのかもしれません。逆にいえば、この1色がおおよそ決まっているなら、以降のカラーセットを組み立てることが可能です。

Secondary Brand Colorsの考え方

メインカラーに添えるカラー群を定義します。SmartHRでは、テキストの黒、ベースの白、青緑に合わせてよく使われていたオレンジの3色を改めて定義しました。黒と白は文字や背景として、オレンジはメインカラーに対するアクセントカラーとして、またUIに使用する際のアテンションカラー（注意色）としても機能します。結果的に3色だけ定義しましたが、ブランドや用途によって、必要なSecondaryの色数は変わってくるでしょう。

セカンダリーカラーはそれまでも多くの場面で使用されていましたが、コンセプトを擦り合わせることなく暗黙の了解で運用してきたため、厳密には統一されていませんでした。これを解消するため、ガイドラインを作る前段階として、メンバーでムードボードを囲み、自分たちが色を通じて何を表現しているのか、世界観を言語化し（透明感や開放感、先進性やユーザーフレンドリーなど）認識合わせを行いました。次に、実績として作ってきたグラフィックから数値をとって並べ、メインカラーとの相性、心地よさやクリアさといったニュアンス、数値のキリのよさもふまえて落とし込んでいきました。

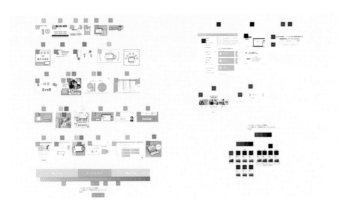

Secondary Brand Colorsの絞り込み

Extended Colorsの考え方

ブランドカラーにマッチするカラー群を定義します。さまざまな用途を考えたとき、ブランドカラーだけでデザインが完結することは稀です。このときブランドの世界観に添うExtendedのカラーパレットが用意されていると、作成者がブランドカラーを引き立てる色を悩まずにピックすることができます。

このとき、前提としてロジカルな数値のルールで整ったパレットを用意するパターンと、具体的に使いたい色をセレクトして用途に合わせたパレットを用意するパターンに分かれます。SmartHRでは、用途を考査して色を洗い出し、数値としては不揃いだけれど自分たちが使いやすいパレットを手探りで作りました。

SmartHRでは、Extendedにない色も自由に使うことができます。あくまで指針として定義しているカラーパレットです。

Extended Colorsの色数

色が使われる範囲をどこまで想定して、何色設定するかの適正数は事業によって異なります。SmartHRでは、基本的にすべての用途をカバーできるよう、10色につき4種のトーンを揃えた40色のパレットを定義しています。トーンを作るとき、一番薄い色と一番濃い色が決まれば、自動的に数値でグラデーションを割り出すこともできますが、このトーンの段階も用途に応じて変えています。

例えば、一番薄い色は背景に、２段階目の色はイラストやグラフィックに、３段階目の濃さの色はグラフや文字が乗るタグUIに、一番濃い色は文字にも使われることを想定しています。これらを表現しようとするとトーン3種では足りず、ミニマムで4種構成になりました。

Extended Colorsの命名

一揃いのパレットが用意できたら、色ごとに名前を定義します。SmartHRでは、グレーを「Stone01」「Stone02」「Stone03」「Stone04」、赤を「Momiji01」「Momiji02」「Momiji03」「Momiji04」のように、ある程度色や濃さが連想できる名前を付けています。特にExtended Colorsを使わないケースと混同しないように、「Gray」や「Red」といった色そのものの一般的な呼び名ではない名前をあえて付けています。

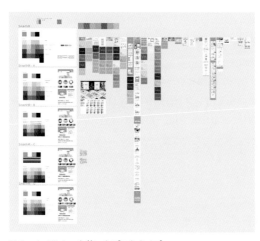

Extended Colorsを使ったプロトタイプ

コミュニケーションからプロダクトへ

こうして定めた色をプロダクトで使用するためには、コードに組み込める機能的でロジカルなパレットに整え直す必要があります。

SmartHRでは、Primary Brand Color、Secondary Brand Colorsを礎に、コミュニケーションデザイナー主導でExtended Colorsまでをブランドの世界観とし

て構築し、ここからプロダクト用の機能的なカラーパレットを派生させました（3-12-1）。Extended Colorsを定義する際、同時にプロダクトへの適用が可能かカンプレベルで検証しています。

一般的には、ブランドカラーを礎に、コミュニケーション用のパレットとプロダクト用のパレットを並行して作成する方法が望ましいでしょう。

色を定義する本来の目的は、理念に基づいた表現の統一、そして合理化、さらに「より見やすくする」ためにほかなりません。これは領域を超えて共通するミッションです。

実装面、ユーザー体験面で統一を図る

それまでプロダクトにおける色は、ガイドラインがないことで、エンジニアたちが元になるデザインカンプを参照して複製し、自己解釈で実装せざるを得ない状況でした。それによって一見SmartHRっぽい表現にはなっていましたが、黒い文字色もよく見ると青みがかっていたり、ものによっては赤みがかっていたりとばらつきがあり、ちぐはぐな印象を与えかねないものでした。

グレーに関しては実に30色以上のバリエーションが生まれており、グレーだけを収れんしてプロダクトに適用するためのGray Listを作成したほどです。

Gray List

色は非常に定性的で感覚に頼る部分の大きい要素です。反面、うまく活用することで大きなメリットを得ることのできるデザインアセットでもあります。

これらを適切なガイドラインとして共通言語化し配布することで、複数の関係者にとって扱いやすい、合理的なシステムとして機能させることができます。

ある意味最もデザインシステムらしく、インパクトの大きな取り組みといえるでしょう。

アクセシビリティの向上、対策を施す

カラーパレットを新しく定義するにあたっては、当然アクセシビリティ (3-20) の向上を目指します。SmartHRが目標とする達成基準に則って適合するか検証し、コントラスト比を満たしつつ色の調和を目指しました。

ここで見落としがちなのが、背景がグレーになるパターンです。背景色と文字色の組み合わせが、どのパターンでも基準をクリアするように検討しました。またSmartHRの場合は、Primary Brand Colorそのものの配色も扱いが難しく、メリットとデメリットについて常に議論と検証を重ねながら運用しています。

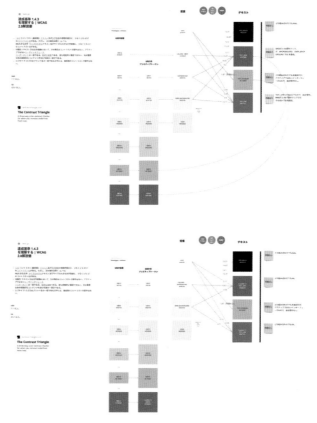

アクセシビリティのチェック

色のリニューアルにあたり気をつけたこと

ブランドに関する色を置き換えるといった影響範囲が大きい変更は、容易ではありません。段階的にカラーパレットを仮決めして、「これから作る仕事はすべて新しいカラーパレットを使ってみる」というお試し期間を設けました。その間に得たフィードバックを参考にして、各色の詳細を決定しました。

カラーパレットをFigmaやSketchで利用できるよう、SmartHR Color Libraryを作成しました。また全従業員が使えるように、情報システムグループと連携し、会社支給のすべてのPCにカラーセットをプリインストールしました。

カラーセットをプリインストール

プロダクトへの反映に関しては、開発チームを回って、各プロダクトで独自に使っている色への対応や、変える段取りなどを相談しました。SmartHR Design Systemでは、プロダクト用のデザイントークンを配布しています (3-12-1)。SmartHR UIはこのデザイントークンを使っているため、SmartHR UIを使ったプロダクト内の色は自動で置き換わります。

```scss
smarthr_ui_newcolors.scss
1   $text_black: #23221F;
2   $text_grey: #76736A;
3   $text_disabled: #C1BDB7;
4   $text_link: #0077C7;
5   $border: #D6D3D0;
6   $background: #F8F7F6;
7   $column: #F9F8F7;
8   $main: #0077C7;
9   $danger: #E01E5A;
10  $warning: #ff8800;
11  $scrim: rgba(0,0,0,0.5);
12  $overlay: rgba(0,0,0,0.15);
13  $brand: #00c4cc;
14  $white: #FFFFFF;
15  $transparent: rgb(255,255,255,0);
```

検討中のSmartHR UI新カラーセットのSCSS変数

実はメインカラーの青緑も従来とは異なる色に変えています。さらに、それまでボタンなどをメインカラーで作っていたものを、コントラスト比を配慮して系統の違う青に変えています。背景のグレーも従来より黄色みを帯びたグレーに変更しました。変更による「しっくりこない」といった社内の意見も予

想され、変更には勇気が必要でした。

変更前

変更後

しばらくして皆の目が慣れてくると、「従来の配色は薄すぎて、霞がかかったように見える」と言われました。全体の調和、機能、文字の読みやすさがぐんと上がったのです。このように"いずれジワジワ効いてくる"と信じて、適した色、より良い色にアップデートしていくことが重要です。

プロダクトの色が変わると、営業資料やヘルプページなどにも影響が生じます。例えば顧客サポートを行っているカスタマーサクセスのチームからは「正しいスクリーンショットが欲しい」と要望がありました。すべてのスクリーンショットを撮り直すことは現実的ではないので、依頼を受けたら古いスクリーンショットの色をPhotoshopで新しい色に置き換えられる環境を、グラフィックのチームで構築しました。

色の定義は考慮するポイントが多く、大変な作業です。影響が及ぶ関係者によっては理解を得づらい分野でもあり、戸惑う声も出るかもしれません。しかしその分、効果も大きいものです。

不確定な色という要素を合理化することによって得られる価値だけでなく、それによってもたらされるブランド面での副次的な価値は余りあるものです。大きな価値があることを信じ、プロフェッショナルとしての自信を持って取り組みましょう。

3-9 印刷ガイドライン

Printing Guideline

ブランドカラーは、印刷物にも多用される要素です。ブランドカラーを表現するためには、4色ならCMYKの数値、特色ならDICやPANTONEといった色見本の番号を指定するのが通例ですが、刷色を揃えても意図する色に仕上げるのは容易ではありません。

印刷機の違いや用紙の違い、インクの調合や湿度といったさまざまな要因で発色は変わってきます。また用途によって、オフセット印刷、オンデマンド印刷、社内印刷を使い分けることがあり、ノベルティなどを作る際にはあらゆる素材に色を乗せることになるでしょう。それぞれ必要な人が適宜手配し、色を判断できるデザイナーが製造工程に介在しないケースも少なくありません。

そこでSmartHRでは、Primary Brand Color（以降「ブランドカラー」）のSmartHR Blueを再現するために、オリジナルのカラーチップを作成し頒布しています。「色」の項目で定義した数値や番号に加え、基準となる刷り見本を用いることで、誰でも仕上がりを見比べて判断することができ、さまざまな印刷メディアでブランドカラーをできるだけ一定に保つことができます。

色の維持管理と重要性

ブランドが認識される重要な要素の1つに「色」があります。特定の色が際立つブランドばかりではありませんが、仮にある色の印象を揃えることで安定した「らしさ」を纏えるのであれば、色の精度を上げることにリソースをかける価値があるといえます。

色はデータ上の数値だけで統一できない

前提として、色は厳密には統一できないファジー（曖昧）なものです。色を見る環境や、出力されているデバイスによっても個体差レベルで色はズレることがあります。印刷においては、仮にデータ上で数値を少し弄ろうとも、自分が

画面で見て正とした色を、完全に再現するのは難しいと思ったほうがよいで
しょう。

揃えようとしても揃わないものをどう合理化するか。できるだけ正確さを保ち
やすくするために、ターゲットを定めることが重要です。デザインシステムの
コンテンツは、往々にして端的なドキュメントで構成されますが、場合によっ
ては、文字情報で定義して使ってもらうだけではないコミュニケーションが
必要になることもあります。ガイドラインとは必ずしもデータに限らず、数値
で共通言語化できるものばかりではありません。

キャリブレーションのためのカラーチップ

色の共通言語として、印刷の現場で用いられるのがカラーチップです。DIC
やPANTONEといった特色の色見本には、切り離して印刷見本として使える
チップがあり、番号を指定するだけでなく該当のチップを「目指す色」として
添えることで、見比べて印刷の仕上がりを正に寄せることができます。

ブランドカラーそのものが既存のカラーチップに見つかれば別ですが、多く
の場合、近似色を指定することになるでしょう。インクは特色を基準に調合
して練り合わせることもでき、印刷する工場や工程によって、より精度の高い
ターゲット色を表現することが可能です。

オリジナルのカラーチップを作る

SmartHRにおいてブランドカラーは、事業の認知をより良くしていくうえで、
視覚的な手段のうち最も基本かつ効果の大きい要素になっています。ブラン
ドカラーを重要なものと位置づけ、その他の要素が少なくてもSmartHRとし
ての認知を得やすい状況づくりを積み重ね、色がブランドの体現を担う側面
を強めてきました。

一方で、このSmartHR Blueと呼んでいる少し緑がかった青は、印刷で特に
色が転びやすく（ブレやすく）、指定している既存のカラーチップは近似色でし
かありませんでした。さまざまな印刷物を作っていく中で、デザイナー間にお
いてもこの色の認識を合わせる必要性を感じ、まずはプロトタイプとしてオリ

ジナルのカラーチップを制作しました。

SmartHR Blue カラーチップ Version1.0

数値で特色インクを練る設備とノウハウがあり、一度作った色を増刷時にも
再現できる印刷会社さんに、SmartHR Blueの調色と色見本の印刷をお願い
しました。基準となる紙のほか、特徴の違う計7種の紙に刷られており、色
のブレ幅の参考にもなります。紫外線による退色を防ぐため、遮光性のある
銀色の封筒に収められています。

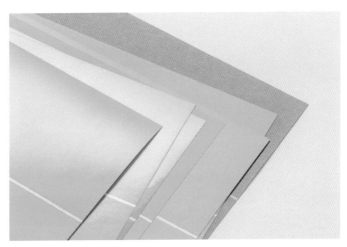

基準となる紙と、特徴が異なる計7種の紙

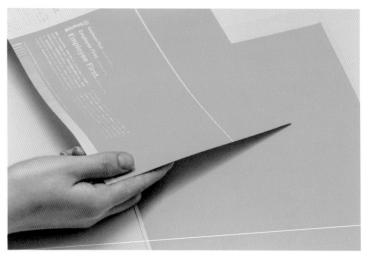

カラーチップを用いて、確認する対象と色を比較する様子

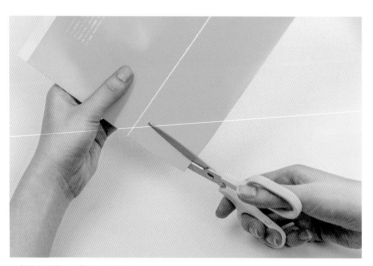

一部を切り取って使用する様子

デザイナーはもちろん、印刷会社や外部の制作パートナーに配布し、これを常に参照することで、関係者間で色の認識を揃えることができます。既存のカラーチップと同じように、部分的に切り取って印刷入稿時に添付したり、色校正と比較して色を検討することができます。こうした、保証された物理的な基準＝ターゲット（ものさし）が1つあるだけで、皆でそこを目指していくことが容易になります。

皆の名刺をカラーチップに

ブランドカラーを皆のものにする応用的な施策として、名刺のリニューアルを行いました。元々名刺にはブランドカラーが入っていましたが、両面オンデマンド印刷だったため、色面のある裏面の印刷のみをカラーチップと同じ印刷会社にお願いすることにしました。表面は従来どおりオンデマンド印刷です。デザインはほとんど変えずに、オリジナルの特色を用いた製造工程だけを見直したため、トータルコストは以前とほとんど変わりません。

名刺の表面・裏面

カラーチップは主にデザイナーのツールですが、名刺は全従業員の手元にあります。"名刺交換"という名刺の出番は減ってきていますが、入社時に発行されるフローがあるため、SmartHR Blueのアイテムとしては最も早く広く行き渡ります。単なるグッズではなく、"誰でも・効率よく・迷わず"に正しい色を確認できるツールとして機能します。

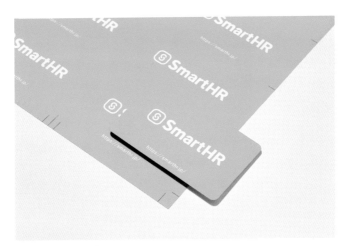

名刺の裏面（絵柄面）1

名刺の裏面（絵柄面）2

名刺をカラーチップにすることで、デザインの専門職ではない人でも、常に正確なブランドカラーを携帯し、必要があれば見比べて確認することができるようになります。名刺としてもカラーチップとしても渡すことができますし、もしかすると商談のアイスブレイクにもなるかもしれません。ビジネスの中ですでに役割のあるツールに機能を付与しているため、社員に特別な負担を強いることがないのも魅力です。内外の人に、親近感を持ってブランドカラーに触れてもらえるアイテムになりました。

物理的なガイドラインの効果

ブランドにとって特に重要なものは、さまざまな施策で繰り返し展開することで広く根付かせることができます。カラーチップの施策が必ず効くとは一概には言えませんが、物理的なガイドラインは、専門用語を使わずに共通言語を作る1つの施策です。

「色が重要である」ということを言葉で念押しするよりも、気軽に手に取れるものが、ブランドアセットとしての正確性を担保している状況のほうが、ずっと合理的といえます。大事なのはグッズを作ることではなく、事業に携わる従業員やステークホルダーがより自然に理解し、利用できる状況を作り出すことです。

名刺のカラーチップ化は、すでにある状況を利用して、いい意味で意識せず、企業活動の中で取り入れられる施策でした。事業に関わるすべての人が、同じものを手に取ることができること。また専門性にかかわらず、正確なブランドカラーを身近に置くことができること。デザインのリニューアルとしては大変地味なものですが、一種のSingle source of truth（信頼できる唯一の情報源）であり、システムだ、と考えています。

ガイドラインやコンポーネントの提供は、ブランドそのものではなく、それを形づくるための活動や、そのための手段でしかありません。クリアな定義を届けることも重要ですが、こうした透明で非言語的な"システム"も、その1つとして、幅を持って柔らかく取り組む価値があります。

3-10 イラストレーション

Illustration

デザインシステムにおいて「イラストレーション」は必須の要素ではありません。サービスのタッチポイントやプロダクトのキービジュアルなど、イラストレーションを多用する場合のみでよいでしょう。

ただし、ノンデザイナーが使う際に活きるシステムを目指すのであれば、イラストレーションをシステム化する効果は絶大です。1枚のイラストレーションはアイキャッチとなり、テキストより多くを語り、状況を素早く伝えることができます。

誰もがブランドやプロダクトにぴったりのイラストレーションを利用できるようになれば、自分たち"らしさ"のタッチポイントが増えるでしょう。まずは、組織をうまく表現するために、システム化したイラストレーションを活用できるかどうかの見極めを行いましょう。

イラストレーションのニーズ

SmartHRでは、自社サービスを説明するにあたって、イラスト表現を選択するシーンが少なくありません。

サービスサイトや営業資料、ウェビナー資料といったテンプレートは用意されていましたが、テキストを盛り込むだけでは読み通してもらうことが難しく、"親しみやすい"というブランドイメージにも相応しくないと感じていました。そこで、簡単に済ませるときにはフリー素材を使用し、重要な場面では社内のグラフィックデザイナーが内製するなど、積極的にイラストレーションを利用する文化がありました。

都度オーダーメイドで対応していたのでは工数がかかりますし、外部の素材を使ってしまうとトーンや権利元がバラバラです。特に人物イラストは頭身が違うだけでも与える印象が大きく変わるため、何かしらのガイドラインが必要

だと考えました。

イラストレーションをシステム化する効果は以下の通りです。

ユーザーの理解の速度が上がる

パターン化された適切なイラストレーションを使うことで、見る側は情報をよりイメージしやすくなり、情報にアクセスする度に処理速度も上がります。

ユーザーに解像度の高いブランドイメージを提供する

トンマナを揃えたオリジナルのイラストレーションを使うことで、ブランドの解像度が高まります。齟齬のない世界観を共有でき、印象の安定に寄与します。

全員が強度のある資料を作成できる

イラストレーションは、インパクトのある視覚表現です。作成者によってデザインの変数が増えても、システム化されたイラストが挿入されることで、画がまとまります。

パスワードを入力すると閲覧・利用できる従業員限定コンテンツには、社内のコンテキストが深い設定の背景情報などを掲載しています。

必要なイラストレーション

最小限のモチーフを定める

必要なイラストレーションを洗い出し、絞り込むためには、イラストが使われるシーンを具体的に想定する必要があります。このとき、使われそうなイラストをカット（挿絵）として用意していくのではきりがありません。ブランドの基本要素もしくはブランドコンポーネントとして用意することを念頭に置くべきです（3-18）。

ここでは、イラストに描かれるモチーフの最小単位を見極めることが大切です。SmartHRではそれが人物＝架空の従業員でした。具体的には人物の顔（アイコン）、半身、全身の3点セットです。

人物（アイコン）	500px × 500px	
人物（半身）	500px × 500px	
人物（全身）	1000px × 400px	

女性と男性を作成し、半身と全身は背景を透過で用意しました。全身を使う機会はそう多くないかもしれませんが、頭身の設定はシステム化に必要不可欠なモチーフでした。半身で並べても背の高さの違いが出るよう、身長差を考慮してトリミングしています。

汎用的なバリエーションを増やす

最小限のモチーフが定まってから、汎用できるバリエーションを展開していきます。どこまでを汎用ラインとするのかは、toBかtoCかといった事業の性格にもよるでしょう。そもそも事業によっては、モチーフが人物ではなく建物だったり、標識だったりするかもしれません。

SmartHRの場合は、基本の人物イラスト＝SmartHRの従業員をベースに、ユーザー社の主要人物である労務の担当者、従業員、役員などに展開していきました。最近、業務に頻出するようになった社労士が新たに加わりました。人物以外のアイテムをモチーフにしたイラストレーションも用意してありますが、いたずらに増やすつもりはありません。

須磨 英知

須磨 英子

SmartHRスクールの
講師

労務 ハナコ
労務担当者

人事 カオル
人事担当者

役員 マコト
役員

従業員 タロウ

従業員 ユミ

社労士 セイジ
社労保険労務士

そのときに使えるイラストと、汎用的に使えるイラストはイコールではありません。デザインシステムのイラストレーションは設計的に増減させる必要があります。設計に適わないのであれば、システムにのせずに単発で作成するイラストもあって構いません。

ブランドコンポーネントとしてのイラストレーションが決まっていることで、作成ガイドラインを定めることができ、システムに含まれない新たなイラストを作成することができます。

楽しさに流されない

モチーフを絞る理由は、シンプルにリソースが限られてるせいもありますが、適切に使って適切に表現されるものだけをシステムに載せるべきだからです。

イラストレーションのシステムというと、手足や顔といったパーツごとに分かれたイラストモジュールを思い浮かべる方もいるでしょう。確かに、モジュール化によって、絵を描けない多くの人がイラストを自分で作れるように感じます。パズルや着せ替えのように組み立てるのが楽しく、できるだけたくさんのパーツを用意したくなる気持ちもわかります。

ですが、デザインシステムにおいてイラストのコレクションを充実させることは重要ではありません。一揃い作るとどんどん増やしたくなりますが、素材集を作っている訳ではないのです。用途を見極め、ブランドのコアと呼応する、一貫性のあるスタイルを確立することを目的にしましょう。

イラストレーションはブランドの基本要素の中で表現の主張が強いパーツです。目立つ分だけ、社会に何を伝えたいのか、合理性に立脚した表現である必要があります。賑やかしに挿入するトレンドに左右されたイラストは、余計な添え物かもしれません。

イラストをシステム化するために必要な体制

誰がイラストを描くのか

デザインシステムに組み込めるイラストレーションを誰なら描けるのか。当然、イラストレーターならではの視点と的確な技術を必要とします。できればデザインシステムに関心や理解のあるプロのイラストレーターが望ましいでしょう。またイラストを合議制で描くのは難しいため、イラストシステムの立ち上げは特定の方にお願いすべきです。

「デザインシステムを作りたい」という依頼は、イラストレーターにとってもハードルが高いプロジェクトになると予想されます。それでも、構造化が得意なイラストレーターや、チャレンジしたいと思ってくれるイラストレーターはきっといるはずです。ウェブイラストを手掛けている方、イラストをアニメーションで動かしている方、3Dイラストを手掛ける方とも親和性があるかもしれません。イラストレーターと理想的な協働体制を作れるかは、システム化のために何が重要か、どこまで描かなくてはならないのか、ビジョンを示すディレクターの腕にかかっています。

SmartHRではイラストレーターとしても活躍しているウェブデザイナーが在籍しており、デザインシステムが必要になったタイミングで、イラストを依頼しました。イラストレーションはその人の業務のごく一部分です。コミュニケーションデザイナーがディレクションを担当し、ほぼ2人で作っています。

誰がディレクションするのか

ディレクションする側は、表現したいことの取捨選択をしなくてはいけません。表現としてやりたいこと、やりたくないことを定め、まだ見ぬ理想のイラストレーションを導き出す必要があります。例えば人物なら目・鼻・口はあるのか、指はあるのかといったデフォルメの程度から、ブランドの世界観に合う線や配色まで、具体的にイメージできるデザイナーが望ましいでしょう。

理想をいえば、デジタルプロダクト上の語彙、設計にも詳しく、抽象度の高い次元でイラストディレクションができる、ハイブリットな人物または体制を組めると安心です。具体的には、イラストレーターと会話したこともない人だ

と困難な道のりになるはずです。

イラストレーションの作り込み

受け入れられるテイスト

イラストシステムを作る体制が整ったら、どんな表現が適しているかを探っていきましょう。SmartHRでは、デフォルメが過剰でない、日本のイラストらしさを意識しています。加えてジェンダーの観点で、際立つボディラインやスカートも控えています。事業ドメインに沿って幅広く受け入れられ、信頼される、地に足のついたテイストを目指しました。

一方で、限りなく多くの人に受け入れられることに終始して、まるで主張のないイラストレーションが出来上がったらどうでしょう。嫌われないことも大事ですが、「これを出して嫌われたら仕方がない」という観点も必要です。本来なら自分たちの売りたい部分、いいと思ってほしい部分が表現できていなければ意味がありません。この絶妙なラインを探るために、パターン出しを行います。

イラストレーションの選択

特徴別に、いくつかイラストを描いてもらってパターン出しをしてみましょう。このとき、利用を想定して実際の資料に配置して、顧客が受ける印象をイメージできるとなお良いでしょう。イラストの配色も「色」のシステムを利用しているため、デザインのトーン的には問題なくマッチするはずです。

希望に合うテイストのレンジ内で、イラストの構造を意識的に変えてみます。単純さや複雑さ、大人しさや派手さ、幼稚さや成熟さ、真面目さや面白味など、いくつもの観点で比べてみます。

SmartHRでは、最終的に3つのパターンから「3」を選びました。

パターン1

パターン2

パターン3

　　　3　デザインシステムに何をどうまとめる？

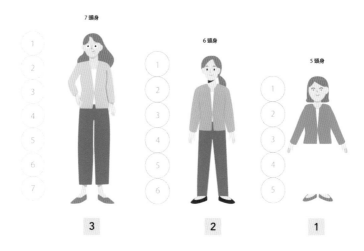

等身を比較検討したもの

表現のこだわり

イラストレーションを詰めていく作業は、いくつもの選択の連続です。人物イラストの場合、顔のパーツを左右対称に配置するか否か、指を5本描くか省略するか、肌の色や髪の毛の色、服の丈や襟の形、ネクタイの細さ、年齢を表すシワを入れるかといった詳細を検討して反映していきました。ほんの少しの差異でキャラクター性が変わります。イラストレーターに任せきりにせず、こだわりを共有して進めましょう。

SmartHRでは、人物イラストを作るにあたって、年齢や性格といった人物像を設定をしています。SmartHRのパーソナリティ（3-3）を体現し、ストーリーに沿うキャラクターを完成させました。ただし、SmartHR社内向けに公開しているキャラクター情報は、イラストが実際に使用されるようになってからイメージが膨らみ補完していったものです。キャラクターがナレーションしたりアニメーションになると、さらに性格が肉付けされていきました。

SmartHRなら、集まる・蓄まる・活用できる

労働人口不足が予測されている近年の日本では、
「組織の生産性向上」や「選ばれる組織づくり」が重要視されています。
自然と人事データが集まる・蓄まる・活用できる、SmartHRで、
人事・労務業務の効率化と人材マネジメントの第一歩をはじめませんか？

SmartHRの特徴

サービスサイト

まだアカウントは作られていません

動画

営業資料

イラストレーションを普及させる

イラストレーションがシステム化されたことによって、これまでイラストを使うことに消極的だった人でも、簡単に使えるようになります。ただし、その効果を感じるためには、まず一度使ってみてもらう必要があります。そこで、社内でイラストレーションを告知するときに実際に使い、使用イメージが湧くよう工夫しました。"あるのは知っているけど使わない"要素にならないよう、こうやって使うという実例をどんどん見せていくことで、敷居を下げるよう努めました。

社内Slackでの告知例

また、特にイラストレーションに関しては、利用者が必ずしもデザインシステムからフォルダごとダウンロードするとは限りません。利用シーンを想定すると、過去のスライドから複製するなど、二次使用、三次使用があって当然だと考え、データ単体を扱うシーンを意識した作りにしています。例えばSmartHRでは、頒布しているすべての画像に「04_一般従業員_従業員ユミ_全身.png」といった間違えようのない名前を付けています。

ダウンロードしたイラストレーションファイル

頒布にあたっては、イラストレーションの利用可能範囲や著作権について明示する必要があります。

権利についてはイラストレーターの業務範囲や契約内容にも関わるので、イラストレーターとよく会話し、専門家とも相談して取り決めるのがよいでしょう。契約後も、例えば配布方法を変える場合には声をかけるなど、仮に契約上は問題のない話だとしても、丁寧にコミュニケーションをとることでリスクを避け、何よりお互いに気持ちよく運営していくことができます。

またイラストレーションの取り扱いは、デザインシステム上にガイドラインを明示するだけではなく、READMEファイルをつける、告知の際には注意点を併せて案内するなど、積極的に配慮するとよいでしょう。これはイラストレーションの権利を守るためでもありますが、利用者を意図せずトラブルメーカーにさせないという、利用者を守るための行動でもあります。

SmartHRの人々から見たSmartHR Design System

運営理念の言語化

「思想や哲学のないデザインは空虚です。」

これはSmartHR Design Systemの「運営理念」の中に書かれた言葉です。今回、計9名に取材して、パート2と5本のコラムとしてまとめました。構成の都合で残念ながら9名全員を紹介できませんが、誰とお話してもそれぞれの「思想や哲学」に触れた実感がありました。ここでは、その思想や哲学が言語化されているコンテンツの1つである「運営理念」についてご紹介できればと思います。

運営理念の言語化の背景には、SmartHR Design Systemのサイトリニューアルのプロジェクトがあります。サイトリニューアルには、利用者を広げたいという思いがありました。SmartHR Design Systemはプロダクトの開発に携わる人たちだけでなく、営業やマーケティングなどを担当するビジネスサイドの人も利用者として想定しています。しかし実際の利用者はデザイナーやエンジニアなどが多く、もっとビジネスサイドも活用しやすい状態に歩み寄ろうと、2021年8月頃に始まったのがサイトリニューアルのプロジェクトでした。

サイトリニューアルを担当していたのはコミュニケーションデザイングループ(以降、コムデ)のデザイナーであるsamemaruさんと関口 裕さんです。まずはビジネスサイドの人たちへのヒアリングと課題整理から始めたといいます。

> **samemaruさん**：ヒアリングでは、そもそもデザインシステムが何かわからないという意見がたくさん出てきました。実はそれまでもSmartHR Design Systemに対して「社内のドキュメントなのに社外の人がアクセスできるけど大丈夫ですか？」とか「ガイドラインって絶対に守らないといけないものですか？」といった問い合わせをもらうことが結構あったんです。

ヒアリングの中で見えてきたのはビジネスサイドにデザインシステム自体を知らない人が多く、SmartHR Design Systemの意義が伝わっていないということでした。その事実を受けて、関口さんは運営理念の言語化をsamemaruさんへ提案します。

関口さん：プロダクトサイドだけでなくビジネスサイドの人にも使ってもらおうとしていったときに「私たちに関係ないものだ」と認識されないようにする必要があります。そのためには、そもそも何のために作っていて、なぜ社外に公開しているのかを伝えなければなりません。私が当時まだ入社から半年程度だったこともあり、samemaruさんの考えを言語化してまとめませんかと提案しました。

そこからsamemaruさんが話した内容を関口さんが書き起こす形で運営理念の原稿作成が進められました。実は、この原稿は一度仕上がってから、構成レベルでの修正が入っています。SmartHR Design SystemはGitHubで管理されており、誰でも進行中の更新内容を確認できます。当時はリニューアルの公開日も決定し、それらの作業の真っ只中でした。そんなさなかに「運営理念」の原稿に、UXライターの大塚亜周さんから「待った」の声があがりました。

大塚さん：伝えようとしている内容は、立ち上げから関わってきたメンバーの共通認識をまとめてくれたものだったので、言語化自体は大賛成でした。ただ、それだけに私にも大いに関係があります。なので、時間がないのを承知のうえで、原稿をもう一度構成レベルまで分解して、読み手がより受け取りやすいように編集させてほしいと相談しました。

そうして完成した運営理念は2022年1月にサイトリニューアルと同時に公開されています。samemaruさんは運営理念の公開を振り返り、「SmartHR Design Systemとしての質が一段上がったように感じる」と語ってくれました。関口さんも運営理念によって「システム」としての機能を高められたのではと話します。

関口さん：プロダクトサイドには、開発者たちが思想を言語化した「デザイン原則」がありました。しかし、プロダクトが中心におかれた内容です。プロダクトに限らないSmartHRのデザイン全般に対して原則といえるものはそれまでなかったんです。それもあって、全体的に社内向けのドキュメントといった印象を与えてしまっていたように思います。運営理念が追加されたことで、使われるデザインシステムとして機能する状態へ近づけたように感じています。

3-11 デザイン原則

Product Design Principles

デザインシステムの取り組みは、単なるリファレンス作りを目標にしていません。サービスやプロダクトに関わるさまざまなメンバーにとって、再現性を持ち、生産性を高めながら活動できる状態を作ることが目的です。そのうえで、デザイン原則は、サービスやプロダクトを取り巻く、あらゆる創造的な活動における基本的な考え方、指針を言語化しています。協業していく際に必要な意思決定の判断基準として役立ち、コミュニケーションコストを抑えられます。

デザイン原則の機能

デザイン原則は、色や形だけでなく、言葉や画像といったコンテンツ、コンポーネントのあり方やコードの書き方、営業におけるコミュニケーション……と、あらゆる創造的な活動が価値を発揮するための軸足となり、さまざまなユーザーとのタッチポイントにおいて一貫した振る舞いをもたらします。原則に従うことが必ずしも妥当ではないケースが出てくることもありますが、原則が明示されていることによって、なぜその原則に従う必要があるのかを考察する視点を与え、認識を深めるきっかけとしても機能します。

デザイン原則の必要性

デザイン原則は重要ですが、必ずしもゼロから作る必要はありません。会社や組織、プロダクトチームなどの集団においてミッションやビジョンといった類するものがあれば代替できる可能性があります。また、デザイン原則を組織で機能させるには、デザインシステムにはデザイン原則があって当たり前だから作る、のではなく「なぜデザイン原則が必要なのか」を一度問いただし、あくまでも目的や課題のために作成すると機能しやすいのではないかと考えます。

SmartHRの場合

SmartHRでは、プロダクト開発のためのデザイン原則を作っています。プロダクトデザイナーの中で暗黙的に共通していた思想を改めて言語化しました。

SmartHR プロダクト デザイン原則

デザインは、デザイナーだけのものとは限りません。

プロダクトがどのようにあるべきかを考え、試行錯誤し、意思決定することは「デザイン」そのものだからです。

SmartHRのプロダクト作りには多くの人が関わり、これからも増えていきます。このような中で大切にしたいことを言語化し、デザイン原則としました。

以下のデザイン原則は、SmartHRを取り巻く環境の変化に合わせて定期的に見直し、更新しながら運用していくことを前提としています。

ユーザーの時間は有限だ

私たちのプロダクトは、仕事の時間をよりよくするためのソフトウェアです。ユーザーの生産性を高めることによって対価を得ていることを忘れてはいけません。

私たちは、ユーザーの限りある業務時間をムダにしない、使い勝手のよいプロダクトを作ります。

道具であるはずのプロダクトの都合でユーザーを動かしていないか、ユーザーの時間を奪っていないかを意識します。

完成のないプロダクトをみんなで作ろう

私たちのプロダクトは、使い続けてくれるユーザーがいて成り立ちます。日々のリリースが最終目標ではなく、複雑化するユーザーや社会に合わせて成長させていく、完成のないプロダクトです。

目の前の仕事を個々の力で進めるだけでは、大きくなっていくプロダクトを作り続けることが難しくなっていきます。

プロダクトの成長を止めず作り続けるには、お互いに仲間の仕事を理解し、自らの仕事も伝え合う姿勢が欠かせません。また、これからのチームを助ける、みんなで作り続けるための仕組みも必要です。

少し先に必要になることを自律駆動で考え、完成のないプロダクトを作り続けていきます。

コンテキストを大切にしよう

プロダクトを作るうえでの判断には、ユーザーや社会、法制度、開発環境など、広くコンテキストを捉え、検討することが欠かせません。

立場や視野などの違いから、人の価値観はさまざまです。私たちは多様な考えを受け入れ、検討します。

見える範囲で答えを出さず、変化し続けるコンテキストに目を向け、人が欲しいと思う本質的なものを作っていきます。

言葉からはじまるデザイン

人事・労務の領域は、法や会社、組織制度などの複雑な要素が関わる業務です。これらを理解してプロダクトを作るためには、概念を言葉で定義し、整理する情報設計をおろそかにできません。

言葉にこだわり、その工程を伝え合うことで、プロダクトを作るうえでの私たちの視点を揃え、認識のズレを埋めていきます。

また、ユーザーにプロダクトを正しく認識してもらい、一貫した使い勝手を提供するためにも、考え抜いた言葉をプロダクトに反映していきます。

デザイン原則の作り方

デザインシステムのすべてのコンテンツが暗黙知の言語化と言えますが、デザイン原則の検討については役割分担とプロセスを明確にしました。

1. 関係しそうな人を集め役割分担をする
2. デザイン原則の方向性や目的を確認する
3. デザイン原則の観点を洗い出す
4. 観点をブラッシュアップし、標語にする
5. 標語を説明する文章を作り、初稿にする
6. 初稿を社内メンバーにレビューしてもらいブラッシュアップする
7. 初版としてFixする

折衷案では意味がない

ゼロから定める初版の作成ということもあり、デザインシステムやデザイン原則に関わりが深い関係者に声をかけ、デザイン原則の具体案を作成する立場と、具体案をレビューし不足している観点などを指摘する立場に分かれました。その背景には、合議で話し合っても、なかなか決まらないか折衷案の塊みたいなものが出来上がることに対する懸念がありました。「まずはやってみよう」という気持ちで、デザイン原則を作りたいという意思を持つ4名が作成することになりました。

方向性や目的を確認

デザイン原則とひとことに言っても、他社事例を見れば、「プロダクトに関わる人の価値観を挙げているもの」、「プロダクトが目指す性質・特性などを挙げるているもの」などその内容はさまざまです。まずは、作成者がどんなデザイン原則を作りたいと考えているかを表明し擦り合わせました。SmartHRの場合「スタンスを示すものを作ろう」と目的を揃え検討がスタートしました。

会社の「バリュー」との関係

SmartHRには、強力に浸透しているバリューがあり、私たちはバリューに基づいた行動を日々意識して働いています。そのうえで、「なぜさらにプロダクト開発にデザイン原則が必要なのか」という問いから、バリューではカバーで

きていないプロダクト作りに向き合うときの意識をより具体的な言葉にすること、バリューの解釈によってはズレが生まれることを原則に盛り込むことにしました。

デザイン原則は、従業員側の理念であり、最終的につながっていくのはミッションです。「SmartHRのプロダクトに関わるすべての人が、Value（価値観）とデザイン原則（理念）を持ってプロダクトを作り、サービスビジョン（サービスとしてのSmartHRが目指すこと）を実現しつつ、ミッション（会社としてのSmartHRが目指すこと）を達成する」という関係であることを明確にしました。

ミッション、バリュー、サービスビジョン、デザイン原則の関係をまとめるとこのようになります。

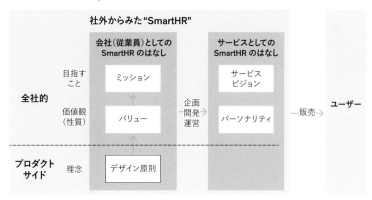

デザイン原則とミッション、バリューの関係

含めたい観点、キーワードを出して、グルーピングを繰り返す

各々の作成者が、プロダクト開発のスタンスとして大切にしたい観点や、キーワードを付箋に書き出してグルーピングするワークを重ねました。ツールはオンラインのホワイトボード（Miro）を使いました。まず複数の観点を4つに収れんし、次にその観点を表現するキーワードを出していきました。

キーワードは、その言葉を挙げたメンバーの意図を確認して、最終的にUXライターが文章として仕上げました。テキストのボリュームは、「開発を進めていくときに、意思決定に迷ったときのものさしになる」ことを目的にしていたた

め、キャッチコピーのようになるべく短く、説明にあたるボディコピーも読み
やすさを意識しました。

意図が伝わるかを確認する

4名が作成した文章は、まず意図の説明を添えずに、レビュアーに読んでも
らいました。どのように読み取ったかを確認し、意図が伝わらなかった部分
は、どの表現がどのように解釈されたかをヒアリングし、それらのフィードバッ
クをもとにブラッシュアップを繰り返しました。作成者たちは知らず知らずの
うちにメンバー間だけでコンテキストを共有し理解し合うようになってしまい
ます。そこに、第三者の視点を持ち込むことは、抽象度の高いフレーズを広
く使われるものにするうえで欠かせないプロセスです。

3-12 デザイントークン

Design Token

デザイントークンとは、デザインシステムを構築する最小単位であり、信頼できる最も基礎的な情報 (Single source of truth)です。具体的には、色、タイポグラフィ、余白、影など、複数のコンポーネントやテキスト要素にまたいで使われる情報を保存します。デスクトップ、モバイル問わず、すべての環境で利用可能な一貫したスタイルを実現するために使用します。

Salesforceでデザインシステムを担当していたJina Anneが提唱したコンセプトで、SalesforceのLightning、AdobeのSpectrumといったデザインシステムでも採用されています。

トークンを使う利点

開発関係者間の共通言語として機能し、設計者の意図を正確に汲んでやりとりできる

色やタイポグラフィなどのスタイリングを行うときに、デザイナーやエンジニアなどの開発や制作に関わる人は、特定の数値を記憶したり直接指定したりする代わりにデザイントークンを使えます。デザイントークンは自然言語やメンタルモデルに近いため、カラーコードやpx値といった値を使うよりも直感的に正確な値を扱えるでしょう。開発に関わるすべての人がデザイントークンという同じ言語を扱うため、特定の関係者間だけでなくさまざまな接点で円滑な開発コミュニケーションを支えてくれます。

スケーラブルで一貫性のあるプロダクト設計を可能にする

統一言語として使うことで、異なるプラットフォーム間の見た目の一貫性を保てることもデザイントークンの利点です。トークンを使うことにより、異なるプロジェクト同士であってもスタイルの値を同期できます。さらに、変換処理を追加することでプラットフォームに合わせた形式の変更も可能です。例えば、ウェブ用のデザインにはHEX値を、iOSアプリにはRGBAフォーマット

を使うことができます。

また、プロジェクトやプラットフォームごとに“あえて”スタイリングを変えたい
場合も、デザイントークンとは異なっていることを伝えやすくなります。

ハードコードな設計を減らし、変更に強いプロダクト開発を可能にする

プロダクト開発の現場では、プロダクトは常に変化し続けています。静的な
スタイルガイドで運用していた場合、時間の経過とともにスタイルを追従す
る必要が生じたとき、個々の値を人の手で修正・変更することになります。
カラーやタイポグラフィ、余白など、異なるパーツで使っているすべてを人力
で修正するのは大変な作業です。また、修正漏れに気づかず、デザインに
一貫性がなくなることもありえます。デザイントークンとして管理しておけば、
Single source of truthとなって他のさまざまなコードベースへと反映できるで
しょう。

2つのトークン

SmartHR Design Systemでは、デザイントークンを2種類に分けて定義して
います。「値を表す」プリミティブトークンと「意味を表す」セマンティクストー
クンです。

プリミティブトークン

- 具体性のある値です
- 最も低レイヤーで原子的な意味を持つトークンです
- 十分な値と、増減も容易な名前空間を設定しておくことが望ましいです

セマンティクストークン

- 特定のコンテキストに関連した値です
- トークンの意図した目的を伝えるのに役立ちます
- 単一の意図を持つ値が、複数の場所に現れる場合に使います

3-12-1 色

プロダクトを構成するために必要な最低限の色を定義しています。色は
SmartHRの基本色を基調に、コントラスト比などを考慮してプロダクト専用
の色を作っています。コンポーネントの設計において、色を選択する手間を
効率化するために、それぞれの色には役割に応じた名前を割り当てています。

色は情報を伝え、動作を示し、反応を促しますが、唯一の視覚的手段にし
てはいけません。すべての利用者が同じ情報を知覚できる必要があります。
重要な視覚要素ですが、色だけに頼らないよう気をつけています。

プリミティブトークン

黒（Black)や白（White)、青（Blue)といった色名と番号で構成されています（※以下、
一部の色を抜粋して掲載しています）。

基本色

色名	値（HEX)	値（RGB)
BLACK	#030302	rgb(3,3,2)
WHITE	#fff	rgb(255, 255, 255)
BLUE_100	#0077c7	rgb(0,119,199)
SMARTHR_BLUE	#00c4cc	rgb(0,196,204)

色名	値 (HEX)	値 (RGB)
GREY_5	#f8f7f6	rgb(248,247,246)
GREY_20	#d6d3d0	rgb(214,211,208)
GREY_65	#706d65	rgb(112,109,101)
GREY_100	#23221e	rgb(35,34,30)

セマンティクストークン

メインとアクセント、文字、コンポーネントという分類でそれぞれ色名を付けています。値はすべてプリミティブトークンを参照しています（※以下、一部の色を抜粋して掲載しています）。

メイン

プライマリーカラーであるMAINは、プロダクトの印象を司る箇所に使います。

色名	プリミティブトークン名	値 (HEX)	値 (RGB)
MAIN	BLUE_100	#0077c7	rgb(0,119,199)

アクセント

コンテキストに応じた色を定めています。前述のMAINと合わせて、ユーザーの主要な操作や操作に対する結果、ヘルプの表示、オブジェクトの状態などを表すために使います。

色名	プリミティブトークン名	値 (HEX)	値 (RGB)
DANGER	RED_100	#e01e5a	rgb(224,30,90)
WARNING_YELLOW	YELLOW_100	#ffcc17	rgb(255,204,23)

文字

テキストの状態に応じた文字の色を定めています。

色名	プリミティブトークン名	値 (HEX)	値 (RGB)
TEXT_BLACK	BLACK	#23221e	rgb(35,34,30)
TEXT_LINK	BLUE_101	#0071c1	rgb(0,113,193)
TEXT_DISABLED	GREY_30	#c1bdb7	rgb(193,189,183)

コンポーネント

コンポーネントを構成する要素に必要な色を定めています。

色名	プリミティブトークン名	値 (HEX)	値 (RGB)
BORDER	GREY_20	#d6d3d0	rgb(214,211,208)
BACKGROUND	GREY_5	#f8f7f6	rgb(248,247,246)

3-12-2 タイポグラフィ
Design Token _ Font

ウェブデザインの95％はタイポグラフィ[1]と言われるほど、タイポグラフィは重要です。文字は人類にとって必要不可欠なコミュニケーション手段であることは言うまでもありません。加えて、余白や列幅などグリッドレイアウトの基盤となり、読みやすさや使いやすさを支えています。つまり、タイポグラフィは、サービスやプロダクト、ウェブサイトといったすべてのUIに影響を与えます。

また、タイポグラフィトークンはフォントやフォントサイズ・ウェイト・色・行の高さなど複数の値を合わせて構成する特別なデザイントークンです。SmartHR Design Systemでは書体と文字サイズを最小限のタイポグラフィとして扱い、色や行送りは別トークンとして管理しています。

書体

```
font-family: system-ui, sans-serif;
```

SmartHRでは、フォントではなく書体の指定にとどめています。これは、ユーザーが慣れ親しんでいる環境が一番使いやすい（読みやすい）であろう、という考えから来ています。ウェブの上に成り立つプロダクトであるため、ユーザーにスタイリングの自由があるというウェブの特性を最大限に活かしているともいえます。

文字サイズ

多くのブラウザのデフォルトフォントサイズである16pxを基準に、6/3、6/4、6/5、6/6、6/7、6/8、6/9という調和数列[2]を掛けたものを文字サイズとしています。

セマンティクストークン

文字は画面の中で相対的に大きさを決めたいことが多いため、S/M/LといったTシャツサイズを採用しています。また、ユーザーによるブラウザの文字サイズ変更に対応するため、値はpxではなくremを使っています。ここは特定のpx値を使いたい場合はないと考えているため、プリミティブトークンは提供していません。

トークン名	値 (rem)
XXS	0.667rem
XS	0.75rem
S	0.857rem
M	1rem
L	1.2rem
XL	1.5rem
XXL	2rem

テキストスタイル

文字の太さや色も重要なタイポグラフィですが、SmartHRではデザイントークンではなく後述のTextというコンポーネント (3-13-9)を通して指定します。

参考

*1 Web Design is 95% Typography: How to Use Type on the Web
    https://ia.net/topics/the-web-is-all-about-typography-period-2

*2 文字サイズの比率と調和 シフトブレイン／スタンダードデザインユニット
    https://standard.shiftbrain.com/blog/harmonious-proportions-in-type-sizes

3-12-3 余白
Design Token _ Spacing

余白のトークンは、marginやpadding、positionの座標などに使用されます。グリッドやレイアウトの基になり、画面構成には欠かせない重要な要素です。

余白は、意図的に扱うことで情報の関係性を表せます。例えば、要素間の余白を狭めたり広げたりすることによって、関連の度合いを伝えられます。近いものはより関連が強く、遠いものは関連が薄くなります。そして、同じ余白で整列した要素は、同じ関係性であると示せます。

また、色や線を視覚的な境界として使うことなく、余白だけで情報のまとまりを作れます。余白を適切に扱うことによって、利用者の理解を助け混乱を減らせます。したがって、すべての余白には意図があるべきです。

SmartHRではグリッド・システムこそ採用していないものの、強く影響を受け、余白の基準はブラウザのデフォルト文字サイズである16pxを使っています。

プリミティブトークン

すべての余白は何文字分か、で表わすことができます。1/4文字から4文字分まで10段階のトークンを持ちます。また、負のマージンに対応するため

-0.25から-4まで負のトークンを使えます。

トークン名	値 (px)
0	0
0.25	4px
0.5	8px
0.75	12px
1	16px
1.25	20px
1.5	24px
2	32px
2.5	40px
3	48px
4	64px

3　デザインシステムに何をどうまとめる?

セマンティクストークン

セマンティクストークンは古いトークンと揃える後方互換性のために存在しています。Tシャツサイズは相対的に値を選択するには便利ですが、余白には基準値がないため何がMサイズなのか理解しづらいことから使用は推奨していません。

トークン名	値 (px)
X3S	4px
XXS	8px
XS	16px
S	24px
M	32px
L	40px
XL	48px
XXL	64px
NONE	0

参考
グリッドシステム グラフィックデザインのために
https://www.borndigital.co.jp/book/15731.html

3-12-4 行送り
Design Token _ Leading

行の高さや行間など似た言葉がありますが、ウェブ以外でも扱う可能性を考え、より幅広く扱える行送り(レディング)としました。厳密にはタイポグラフィの一部ですが、開発での利用しやすさを考えて分けています。また、読みやすさや装飾的な調和のためにバーティカルリズムを意識していますが、こだわりすぎないようにもしています。

セマンティクストークン

標準の行送りはWCAG 2.1の「達成基準1.4.12 テキストの間隔」にならい、最低値の1.5としました。この達成基準は欧文におけるものと考えられ、和文ではより広い行間を設けたほうが読みやすくなりますが、SmartHRは読み物コンテンツではないため1.5で問題ないと判断しました。

基準値の1.5から1/4文字分増減させ、キツめのTIGHTとゆったりめのRELAXEDを作っています。また、ラベルなど改行を必要としないテキストのためにNONEも用意しています。

トークン名	値
NONE	1
TIGHT	1.25
NORMAL	1.5
RELAXED	1.75

使い方

基本的にはTextやHeadingなど特定のコンポーネントの内部で使用され、開発者が明示的に指定することはまれです。ウェブではすべてのテキストに同じ行送りを指定し、必要に応じて上書きして使います。

```
body: {
    line-height: ${leading.NORMAL};
}
```

例えば見出しでは本文よりも狭い行送りをつかうためTIGHTを使い、改行の発生しないボタンラベルではNONEを使います。バーティカルリズムに完全に則ってはいませんが、同じ用途（コンポーネント）であれば同じ行送りを使うことで、視覚的な一貫性を保っています。

参考
達成基準 1.4.12 テキストの間隔
https://waic.jp/docs/WCAG21/#text-spacing

3-13 コンポーネント

Components

コンポーネントとは、アプリケーションやサービスを組み上げるための部品であり、再利用可能なコードです。コンポーネントの役割はさまざまですが、機能や見た目・使い方を一元管理し提供することで、開発生産性の向上に寄与します。プロダクトに共通コンポーネントがなければ、車輪の再発明が行われ、デザインやコーディングといった開発過程の至るところで無駄が発生します。一度生み出されてしまった無駄を解消する労力は大きいため、できるだけ早い段階からコンポーネント化を意識する必要があります。

すべてが整っている必要はない

デザインシステムとコンポーネントと聞けば「インターフェースインベントリ」を思い浮かべる方も多いのではないでしょうか。インターフェースインベントリはAtomic Designで知られるBrad Frostが提唱した手法で、既存のプロダクトやサイトにおけるUIの課題を見つけ出す活動です。UIの一貫性や共通化の利点を明らかにしつつ、関係者に課題を伝えることもできる、優れた方法です。

インターフェースインベントリは、チーム内外の人に対しても視覚的に課題を訴えることができるため満足度の高い活動ですが、課題を認識できても解決できるとは限りません。そもそもなぜそのUIがバラバラな状況に陥ってしまったのか、という根本的な問題に向き合うことがユーザーに価値を届ける最短距離です。UIの課題は体制や組織構造など開発を取り巻く環境に依る影響も大きく、インターフェースインベントリで見つかる課題を解決できる環境であるならば、そもそもその課題に陥る前に解決できるでしょう。

UIのバラバラな現状を目の当たりにすると整えたくなってしまいますが、それを整えることにどれくらいの価値があるのでしょうか。すべてのユーザーが開発に携わる人ほど多くの画面や機能を横断して見るわけではありません。すべての画面を横断してUIを整えることより、特定の利用状況において混乱を生まないUIを提供することのほうが価値があるのではないでしょうか。

開発チームの中で、今後も発生していくであろうUIの課題に対してどう対処し続けていくのか認識を揃えることは有効でしょう。UIの審美性や一貫性など、何をどこまで許容するのか、それはなぜなのか、ということを明文化してみることをおすすめします。

早すぎる抽象化

共通コンポーネントの難しさの1つに共通化や抽象化があります。ボタン1つとっても、文字の大きさから色・形・押したときの振る舞いなどさまざまな役割を持っています。その役割ひとつひとつに対して、これは共通化する必要があるのか、どう共通化するか、と判断していくのは難しいことです。

また、いくら審美性に優れたコンポーネントシステムをデザインツール上で組み上げたとしても、実際にそのコンポーネントが開発で再利用できるかどうかは別の話です。そのコンポーネントがどんな要素で組み上げられ、ブラウザなどのユーザーエージェント上でどんな振る舞いをするのか、開発上ではどう抽象化されるのか、コンポーネントのI/Fとしてどんな変数が必要になるのかなど、デザイナーにも技術への理解は最低限必要です。

共通化を焦るあまり、見た目が似ているだけで役割が違うコンポーネントを共通化することもあるでしょう。その結果、同じような見た目の別コンポーネントが生まれたり、共通化したはずなのに特定のページでしか使われなかったり、使いにくく修正もしにくい共通コンポーネントになってしまいます。

早すぎる抽象化を防ぐためにも、デザインツールやコード上だけで机上の空論を広げるのではなく、プロダクト開発で発生した課題を起点にコンポーネントを追加していくことをおすすめします。また、いきなり共通コンポーネントとして切り出す前に、共通コンポーネントとは別に開発で試す仕組みを用意するのも有効でしょう。

3-13-1 SmartHR UI

SmartHR UIは、SmartHRというプロダクトを効率的に開発するために作られたコンポーネントライブラリです。デザインシステムを作る前から存在していますが、一貫したブランドイメージの担保と迅速な開発を目的に開発し続けています。

有志で集まった数人のデザイナーやフロントエンドエンジニアが始めたプロジェクトですが、現在も専任は置かず数人のデザイナーやエンジニアによって開発が続けられ、週に1度はリリースしています。コンポーネントライブラリとしての完成ではなく、あくまでプロダクトの迅速な開発を目的としているため、プロダクトの成長とともに機能追加や改善を加えています。デザイントークンの考え方やアクセシビリティなど、多くの機能ははじめから考えられていたわけではなく、必要になったときに必要なだけ開発をしています。

SmartHRは複数のプロダクトで構成されたマルチプロダクトです。各プロダクトから生まれた課題を解決するためにコンポーネントを作ることもあれば、特定のプロダクトで生まれたコンポーネントをSmartHR UIへ移植することもあります。どちらの場合も、SmartHR UIとしてコンポーネント化するかどうかはSmartHR UIの目的に沿って判断しています。あくまでもSmartHRというプロダクトを効率的に開発し、早くユーザーに価値を提供するためのコンポーネントライブラリとして位置しています。

また、プロダクトの開発を兼任しているデザイナーとエンジニアが一緒になって設計・開発を行うことが、より実用的なコンポーネントの作成につながっています。さまざまな角度から議論を行えるため、積極的に大きな変更を行うこともできます。

次項より、SmartHR UIの中から一部のコンポーネントを紹介します。すべてのコンポーネントはOSSとして公開しています。

https://github.com/kufu/smarthr-ui/

また、SmartHRのデザインシステムでは、コードと見た目を一緒に掲載しています。

3-13-2 ボタン系

SmartHR UI _ Buttons

ユーザーが何らかの操作をするためのコンポーネントです。

Button

すべてのボタンの礎となるコンポーネントです。元々はPrimaryButton、SecondaryButton、DangerButton、TextButtonと役割ごとにコンポーネントが別れていましたが、後にButtonに統一し、`variant`を切り替えることで見た目を変えられるようにしました。

Dropdown

ボタンを押すとパネルが開く機能の抽象コンポーネントです。大きく分ける
と、パネルを開くための引き金となるDropdownTriggerと、パネル自体を指
すDropdownContentから構成されます。

Dropdownを使用したより詳細なコンポーネントに、DropdownButtonと
FilterDropdownがあります。どちらも開発で頻繁に利用する実装をコンポー
ネント化したものです。DropdownButtonは複数の操作をまとめて提供す
るためのコンポーネントで、パネル内には操作がリスト上に表示されます。
FilterDropdownは一覧の絞り込みを行うためのコンポーネントでパネル内に
自由に入力要素を配置できる他、絞り込みを適用したり解除したりするため
の機能も有しています。

3-13-3 表示系

SmartHR UI _ Display

何らかのデータを特定の見た目で表示するためのコンポーネントです。表示
するために存在するため、特に機能を持っていないことが多いです。

Base

視覚的に他の要素と区別したい場合に使用します。角丸の矩形で背景色を
渡せます。

日付を指定して、過去の従業員情報を表示できます。

Baseは、コンポーネントの下地に敷いている四角形の図形を指します。

Calendar

カレンダーを表示し日付を選択するためのコンポーネントです。基本的には
DatePickerと合わせて使用されるため、単独で使用することはありません。

InformationPanel

ユーザーに情報を伝えるために、他の要素より視覚的に目立たせるためのコ
ンポーネントです。伝えたい情報の種類によって、アイコンを切り替えて使い
ます。

ダイアログ内など限られた情報の中で使用できるように装飾を抑えた
CompactInformationPanelもあります。

DefinitionList

見出しと説明がセットになった定義リストです。特定のデータを一覧して参照させたいときに使います。

LineClamp

内包するテキストが指定した幅や高さを超えて存在するときに、Tooltipを用いて全文を表示するためのコンポーネントです。

Table

表形式でデータを表示するためのコンポーネントです。

3-13-4 フォーム系

SmartHR UI _ Forms

入力フォームで使用されるコンポーネントです。できるだけユーザーエージェントが提供しているHTML要素の操作と乖離しないように作っています。

CheckBox

`input[type="checkbox"]`の代わりに使用するコンポーネントです。見た目をやや大きく変えているだけでほぼ機能に変わりありません。

`<CheckBox></CheckBox>`で囲った子要素は、`label`で囲われ`input[type="checkbox"]`に紐付くラベルになります。

☐ 役員　☐ 正社員　☐ 契約社員　☐ 派遣社員　☐ アルバイト・パート
☐ 業務委託　☑ その他　☐ 雇用形態の指定がない従業員

ComboBox

選択肢をリスト形式で持ち、ユーザーが入力によって選択肢を絞り込んだり追加したりできるコンポーネントです。1つしか選択できない SingleComboBox と、複数選択できる MultiComboBox に分かれています。

選択前　全タイプ共通

選択後　SingleCombobox

MultiCombobox

DatePicker

`input[type="date"]`の代わりに使用するコンポーネントです。この要素にフォーカスするとCalendarが開き、視覚的に日付を選択できます。和暦による入力に対応するため独自で作成しています。例えば、「令和4年12月3日」という日付を入力欄に貼り付けると「2022-12-03」に変換する機能を備えています。

DropZone

ファイルを選択するためのコンポーネントです。ドラッグ＆ドロップによるファイル選択をするためにドロップ領域を広く持っています。

FormGroup

複数の入力項目をまとめるためのコンポーネントです。入力項目に対する説明やエラーメッセージなどを同じ見た目と振る舞いで提供するために存在します。

Input

`input`の代わりに使用するコンポーネントです。入力欄の前後にアイコンを入れられます。検索欄でしか使用しないSearchInputは、Inputを内部的に

使用しています。

InputFile

`input[type="file"]`の代わりに使用するコンポーネントです。DropZone
の内部でも使用されています。

RadioButton

`input[type="radio"]`の代わりに使用するコンポーネントです。見
た目をやや大きく変えているだけで機能も特に変わりありません。
`<RadioButton></RadioButton>`で囲った子要素は、`label`で囲われ
`input[type="radio"]`に紐付くラベルになります。

Select

`select`の代わりに使用するコンポーネントです。Inputと見た目を揃えるため
に存在します。

Textarea

`textarea`の代わりに使用するコンポーネントです。入力文字数を数える機能や入力によって自動で領域が広がる機能を備えています。

通勤経路

経路1: 東京メトロ南北線 四ツ谷駅〜六本木一丁目駅
経路2: 都営バス 四谷二丁目〜四谷駅前

3-13-5 レイアウト系

SmartHR UI _ Layout

レイアウトのためのコンポーネントです。Heydon Pickering、Andy Bell『Every Layout』(ボーンデジタル)を参考に作成し、Cluster、Sidebar、Stackなどがあります。これらのコンポーネントは主に余白を管理しています。内部的には余白のデザイントークンを使用することで、プロダクト間で一貫したレイアウトを可能にしています。またmarginの調整をCSSで行う必要がなくなるため、エンジニアではないデザイナーやUXライターでも見た目の調整を実装できるようになっています。

Clusterは、ブラウザの幅を狭めたときに収まりきらなくなった要素を折り返すレイアウトです。

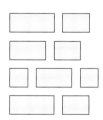

Cluster

Sidebarは、メインのコンテンツとサイドのコンテンツの2つのコンテンツをレイアウトするコンポーネントです。

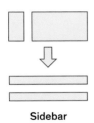

Sidebar

Stackは、等間隔に余白を保ちながら要素を積み重ねるレイアウトです。

Stack

3-13-6 ナビゲーション系

SmartHR UI _ Navigation

導線を作るためのコンポーネントです。

AppNavi

プロダクト内の主要な機能を切り替えるためのコンポーネントです。機能の切り替えだけでなく、プロダクト全体に影響を及ぼす頻繁に行う操作を埋め込むこともできます。

BottomFixedArea

画面下部に固定で表示する操作パネルです。項目ごとに画面を分けた機能
など、連続した入力を求める場合に使用します。

FloatArea

BottomFixedAreaから派生した、より配置の自由度が高いコンポーネントで
す。画面下部固定ではなく、浮遊しています。

Header

プロダクトをまたいで、SmartHRにいることを知らしめるためのコンポーネン
トです。企業アカウントの切り替えやグローバルな機能の切り替えなどを埋
め込めます。

Pagination

主に表形式の一覧におけるページを切り替えるためのコンポーネントです。使用する場所によって機能を落とすことができます。

TabBar

特定のオブジェクトに紐付く同じ性質のものを並べて切り替えるためのコンポーネントです。切り替えるための機能だけ有していて、内部のコンテンツについては管理しません。

3-13-7 オーバーレイ系

SmartHR UI _ Overlays

何らかの形で画面上に被せるコンポーネントです。

Dialog

ダイアログを表示し、操作を促すためのコンポーネントです。用途によってMessageDialogやActionDialog、ModelessDialogを使い分けます。MessageDialogはメッセージを表示するだけで操作を求めません。ActionDialogはメッセージとともに必ず操作を必要とします。ModelessDialogはモードを作らないため、何かを参照しながら別の操作を行いたい場合などに使います。

FlashMessage

画面左下に表示される通知メッセージのようなコンポーネントです。自動的に消えてしまったり、ユーザーに気づかれなかったりすることも多く、非推奨とし、削除予定のコンポーネントです。

Tooltip

領域が狭く情報を伝えられないときに使用するコンポーネントです。マウスを乗せるかフォーカスを当てるとツールチップが表示されます。Tooltipを使用するのはそもそも設計に問題がある可能性が高いため、できるだけ使用しないようにしています。

書類作成の際に従業員と被扶養者とのマイナンバーが必要となります。
管理者は SmartHR上からマイナンバーの提供を依頼できます。

書類作成の際に従業員と被扶養者とのマイナンバーが
必要となります。管理者は SmartHR上からマイナ...

3-13-8 状態系

SmartHR UI _ States

何らかの状態を表すためのコンポーネントです。

Loader

読み込み中や操作中など、何らかの操作が仕掛り中であることを伝えるためのコンポーネントです。

NotificationBar

操作の完了など、ユーザーに情報を通知するためのコンポーネントです。伝えたいメッセージの種類や重要度によってアイコンや背景色など見た目が変わります。

StatusLabel

オブジェクトの状態を伝えるためのコンポーネントです。重要度によって2種類の見た目を使い分けます。警告やエラーは特別な状態として見た目を持っています。

3-13-9 テキスト系
SmartHR UI _ Text

Heading

見出しコンポーネントです。Textコンポーネントを継承して作られています。

ScreenTitle
手続きを開始する

SectionTitle
手続きを開始する

BlockTitle
手続きを開始する

SubBlockTitle
手続きを開始する

SubSubBlockTitle
手続きを開始する

Text

テキストを表示するためのコンポーネントです。タイポグラフィのデザイントークンを使用し、プロダクトに統一を持たせます。

Nomal	Excel や給与計算ソフトから出力した CSV ファイルを SmartHR に取り込み、給与・賞与明細を従業員に配布することが出来る機能です。	Excel や給与計算ソフトから出力した CSV ファイルを SmartHR に取り込み、給与・賞与明細を従業員に配布することが出来る機能です。	Excel や給与計算ソフトから出力した CSV ファイルを SmartHR に取り込み、給与・賞与明細を従業員に配布することが出来る機能です。	Excel や給与計算ソフトから出力した CSV ファイルを SmartHR に取り込み、給与・賞与明細を従業員に配布することが出来る機能です。
TIGHT	Excel や給与計算ソフトから出力した CSV ファイルを SmartHR に取り込み、給与・賞与明細を従業員に配布することが出来る機能です。	Excel や給与計算ソフトから出力した CSV ファイルを SmartHR に取り込み、給与・賞与明細を従業員に配布することが出来る機能です。	Excel や給与計算ソフトから出力した CSV ファイルを SmartHR に取り込み、給与・賞与明細を従業員に配布することが出来る機能です。	Excel や給与計算ソフトから出力した CSV ファイルを SmartHR に取り込み、給与・賞与明細を従業員に配布することが出来る機能です。

TextLink

a要素の代わりに使用するコンポーネントです。前後にアイコンを差し込むことができます。また、リンクであることを表すために下線を強制します。

別タブへ開くルートへのリンク ☑

SmartHRの人々から見たSmartHR Design System

ライティングガイドライン

ライティングガイドラインが初めて社外に公開されたのは2021年9月です。2021年6月にUXライターとして入社した8chariさんは、2021年8月にライティングガイドラインをSmartHR Design Systemに掲載するためのプロジェクトを任され、2021年9月に第一弾を公開されています。

> **8chariさん:**もともと社内向けにドキュメントがある程度整備されていました。それに対し、UXライティンググループのマネージャーである大田さんとプロダクトデザイングループのデザイナーである小木曽槙一さんからは「社外公開したら良いのではないか」と後押しされていました。前職の会社では何かを公開するときには承認プロセスを通さなければいけないなど、慎重に進めることが多かったので、「本当にこんなにも簡単に公開してもいいの?」と内心ドキドキでした。

デザイナーである小木曽さんがライティングガイドラインの公開について働きかけていた理由はどこにあったのでしょうか。

> **小木曽さん:**僕自身、誤字脱字といったミスが多く、それを人に指摘してもらうのを申し訳ないと感じていて。誤字脱字を減らす仕組みを作れないかと思い、textlintという校正ツールをプロダクトに導入しました。textlintは辞書となるデータを参照して表記間違いを検査するツールなので、もととなる辞書がないと効果がありません。その辞書として、ライティングガイドラインがあればいいなとはずっと思っていました。加えて、SmartHRは「一語一句に手間ひまかける」というバリューがあるくらい言葉に対する感度が高い会社です。そんなSmartHRで言葉を担うプロであるUXライターが整理した情報がデザインシステム上にあるべきなのでは、という思いもありました。

社外への公開を決めてからわずか2か月ほどで実際に公開されたライティングガイドライン。その背後には約2年積み上げてきた「土台」があります。私はUXライターとして業務にあたる中で普段から頻度高くライティングガイドラインを参照していますが、そ

の変遷を辿ったのは今回の取材が初めてでした。

ライティングガイドラインのはじまりは、2019年の5月に「表記ルール統一マンの集い」として立ち上がったプロジェクトです。当時のプロダクトデザインとカスタマーサポートグループから5名が参加しました。このプロジェクトでは、以下のようなサイクルで「用字用語」のような文言ルールをGoogleスプレッドシート上に増やしていきます。

1. スプレッドシートに検討したい文言を書く
2. シート上のコメントで議論
3. 議論が途中で止まったものは定例で検討
4. プロダクトに反映

こうした活動は1年ほど続きます。その後、2020年夏頃からこのスプレッドシートの管理の主体は現在UXライティンググループに所属するメンバーに移っていきました。当時はまだUXライティンググループが存在せず、現在UXライティンググループに籍を置いているメンバーはカスタマーサポートグループに所属していました。UXライティンググループの大塚亜周さんと川口梨沙さんは当時の様子を次のように振り返ります。

> **大塚さん**：「表記ルール統一マンの集い」は、私が入社したときには自然消滅していたようでした。今のUXライティンググループのマネージャーの大田さんが取り組みに参加してて、スプレッドシートを管理してくれていたようです。私が入社まもなく（2020年3月）、プロダクト上の文言のユレが気になって、Slack上でメモを溜めていたところ、「実はこういうのがあるんですよ」と共有してもらいました。ヘルプページを作成している中で、UI文言が統一されていないためにヘルプページがわかりづらくなってしまうという課題に気づいて、同期のプロダクトマネージャー（PM）やプロダクトデザイナーに相談しつつ、どうしたら良い方向に進められるかを考え始めた時期でした。そこで、まずは自分でプロダクト上で整理されていない概念を定義して、社内のドキュメントとして公開してみることにしたんです。それと同時に、スプレッドシートには概要を書いて、ドキュメントのリンクを貼ることを進めていきました。これが今のUIテキストのガイドラインのはじまりです。次第に、最初はPMからプロダクト上の文言を相談されることが増えていきました。相談されるごとに、その画面に実装する文言を考えるだけでなく、そのためにした調査や根拠も含めてドキュメント化し、次に似たような文言が必要になったときに流用できるようまとめていました。そして、2020年8月には、カスタマーサポートグループのヘルプページのコンテンツ編集者は、UXライターという名称に変わることになりました。

2020年4月に同じくコンテンツ編集者として入社した川口さんは、用字用語の整備を進めました。

川口さん：スプレッドシートとは別に、ヘルプページ内で用いる用字用語をまとめたドキュメントも社内に存在していました。ちょうど「ヘルプセンターもプロダクトを利用する体験の一部」という考え方が社内に浸透し始めたタイミングだったと思います。ヘルプページに限らず共通して使える用字用語集を整えようという話になり、ヘルプページやお知らせやUI文言といった社外向けの文章から揺れやすい表現を洗い出して、用字用語集としてまとめあげたのが2020年冬頃でした。

ライティングガイドラインの変遷を取材する中で、図らずもSmartHRにおけるUXライターの歴史を知ることができました。ライティングガイドラインにUXライターの歴史あり。「業務に必要なコンテンツを追加していく」というSmartHR Design Systemの方針が体現されていることを実感しました。

3-14 文字コンテンツ

Text Content

ここで示すコンテンツとは、デザインシステムの中身ではなく、プロダクトにおけるコンテンツ、いわゆるコピー (原稿)を指します。ライティングの品質管理とテキスト要素に関する意思決定の効率化を目的にガイドラインを定めておくことをおすすめします。

誰でも書けるからこそ、指針が必要になる

私たちは日頃からコミュニケーション手段としてテキストを使っています。文章を書くという行為自体に抵抗を覚えることは少ないでしょう。しかし、誰もが「書ける」からこそ、そのアウトプットは千差万別です。単なる対人コミュニケーションであれば、その言葉づかいは個性や魅力になりますが、1つのプロダクトの中では「ブレ」となります。

SmartHRには、ユーザーが快適にプロダクトを利用するために、プロダクトのユーザーインターフェース文言 (UIテキスト)とヘルプページの作成を担うUXライターという専門職がいます。しかし、すべてのテキストをUXライターがライティングないしはレビューをできる状況にはありません。なるべく早く顧客に価値 (動くプロダクト)を届けるためには、開発に関わるすべての人が一定の品質のライティングができる状態を作って、ボトルネックを減らしていく必要があります。コンテンツガイドラインは、誰もが同じように書けるようにするための指針として使われることを想定しています。

プロダクトを「わかりやすく」するコンテンツの範囲

ユーザーがプロダクトを利用するときに目にするコンテンツは、アプリケーションのUIテキストに限りません。ヘルプページやリリースノートも、機能や概念の説明、操作手順、トラブルシューティング、仕様変更といったユーザーの理解を助ける手段です。複雑なドメインを扱う場合には、あらかじめヘルプページなどで説明しておくとよいでしょう。ユーザーはプロダクトを使って

いくうちに、概念の定義を理解していきますが、あらかじめヘルプページで伝えることでその速度が早まります。

コンテンツガイドラインが目的を果たすための、5つの観点

プロダクトを操作するユーザーの読解の負荷を軽減するという目的を達成するには、以下の観点を意識するとよいでしょう。これは、一般財団法人テクニカルコミュニケーター協会の『日本語スタイルガイド 第3版』を参考にしています。

一貫性

ある画面で「hogehoge」と表記したものを、別の画面で「hogefuga」と表記するといった、表現のばらつきをなくします。

統一感

類似するUIでテキスト表現が異なったときにユーザーが違和感を与えないよう、プロダクト上で使用する言葉を統一します。

検索性

情報構造への配慮はもちろん、開発者でなくても理解できる言葉を使って、ユーザーが欲しい情報に辿り着けるようにします。

標準化

表現の根拠を公開し、プロダクトに関わる誰もが個人のスキルや好みなどによることなく、一定の品質で言葉を決められるようにします。

効率化

開発スピードが加速するように、必要な言葉をスムーズに決定できるライティングパターンや事例を公開します。

SmartHRの場合

SmartHRのコンテンツに関するガイドラインは、プロダクトのカテゴリーの中に以下のように分類しています。なお、基本要素の中の「伝わる文章」(3-6)の内容もプロダクト開発時に参照する対象として扱っています。

- ライティングスタイル
  言葉をデザインするときの判断基準や表記ルールをトピックごとに記載しています。

- 用字用語
  文章を書くときに用いる字(平仮名、カタカナ、漢字、英数字)と用いる語(単語、熟語)について、推奨する表記とNG例、その理由を定義しています。

- UIテキスト
  アプリケーション上の表現で迷ったときの判断基準や、推奨する表記を記載しています。

- エラーメッセージ
- 通知メール
  特定のコンテキストにおいて必要なコンテンツについては、別途セクションを設けて、ライティングの考え方や構成を整理してドキュメント化しています。

- ヘルプセンター
  ヘルプセンターの目的と各種ヘルプページ、リリースノートの表記ルールを記載しています。

ただし、ライティングガイドは、絶対に守らないといけない規則ではありません。あくまで言葉をデザインするときの指針として利用するものです。ライティングガイドを遵守することより、ユーザーにわかりやすさを提供できる表現かどうかを都度確認する姿勢を大切にすることに重きをおいています。また、ライティングガイドを作る以前からある画面やヘルプページをライティングガイドに追従させる修正については、ユーザーにクリティカルな影響がなく

混乱を招かないと判断した場合、優先度を下げて対応しています。

3-14-1 用字用語
Content _ Stylebook

用字用語とは、文章を書くときに用いる字と言葉のことです。具体的には、字はひらがな、カタカナ、漢字、英数字を指します。どの言葉を使って、どう表記するかを定義した用字用語があると、書き手が使うべき表記を判断しやすくなります。用字用語は、同じ意味を表す言葉が複数ある場合など、一貫した表記を実現するために使用します。

一般的に、用字用語は新聞社や出版社で活用されており、新聞の用字用語を定めた共同通信社の『記者ハンドブック』などが有名です。独自の用字用語集を定めている企業も少なくありません。操作マニュアルやヘルプページなど、技術をわかりやすく説明するためのテクニカルライティングでも、用字用語の定義は欠かせません。一般財団法人テクニカルコミュニケーター協会の『日本語スタイルガイド 第3版』でも、付録に「漢字とひらがなの使い分け」や「外来語 (カタカナ) 表記ガイドライン第3版」が定められています。

用字用語を定義する利点

ユーザーが言葉を読み解く負荷と学習コストを抑えられる

日本語は、ひらがな、カタカナ、漢字、英数字とバリエーションが豊富で、表記のばらつきが生まれやすい言語です。また、人が使う言い回しや言葉の選び方には、個人によって癖があり、同じ表記にするには「揃えよう」という意識を持つ必要があります。用字用語に沿うことで、誰が書いても一貫した統一性のある表記になります。

ただし、統一することが本来の目的ではありません。表記の統一はあくまで手段です。アプリケーション上の言葉を読み解くユーザーの負荷を抑え、ユーザーがより目の前の業務に集中するための統一であることを念頭に置きます。

また、表記の統一は、ユーザーに書き手の言葉を認知してもらうという側面もあります。過去に認知した表記と異なる表記がされていると、その度にユーザーは言葉を読み解き、理解する手間が発生し、読み進めるうえで障害となります。用字用語による表記の統一は、ユーザーのメンタルモデルを活かし、学習コストを抑えるメリットがあります。

開発の設計担当者が表記で迷うことがなくなる

プロダクト開発の現場では、用字用語が整備されていると、開発者が文章を作成するときに迷わないというメリットがあります。用字用語を参照することで、より多くのリソースを他の検討や開発に充てることができます。

用字用語の確認を自動化でき、開発効率の向上につながる

用字用語に定義される表記が増えてくると、目視による確認が難しくなるケースもあるでしょう。プロダクト開発の現場では、用字用語に沿った表記かどうかの確認をいかに自動化して、開発効率を上げるかが重要になります。Googleのユーザー辞書機能やMicrosoft Office IMEなど、使用したい用字用語を登録した独自の辞書を作成し、その辞書を取り込むことから取り組むというアイデアもあります。

手軽に文章を校正できるという点では、デザインツールのAdobe XDやFigmaの拡張機能として広く使われている「テキスト校正くん」の使用も良いでしょう。ウェブの用語や名称の表記が統一されているか、二重否定が使われていないかなど、一般的な文章のルールに沿ったチェックを無料で利用できます。

用字用語に沿った表記かどうかの確認を自動化できるという点では、textlintの使用がおすすめです。textlintは、プロダクト開発の現場で利用される「linter」というツールの1つです。linterは、プログラムの誤りや文法の揺れを指摘したり、修正したりするツールですが、その考え方を自然言語に応用したツールがtextlintです。そのため、エンジニアがいるプロダクト開発の現場においては、Googleのユーザー辞書機能などよりも、相性が良いものといえます。

用字用語を作る際のポイント

共通項が見えてくるまでは、迷った言葉をためていく

何も手元に情報がない状態から用字用語をまとめようとすると、躓いてしまうかもしれません。例えば、よくあるのは下記のケースです。

- たくさんの言葉があるため、どこからどこまで定義すればいいかの判断が難しく、完成に時間が掛かってしまう
- 思いついたものをただ追加していくだけだと、近しい言葉なのに、この言葉はひらがな、この言葉は漢字、といった矛盾が生まれる

常用漢字を用いるなど、一般的な日本語の使い方に関する用字用語については、前述した『記者ハンドブック』や『日本語スタイルガイド 第3版』などを参考にするとよいでしょう。

組織独自の用字用語を追加していく場合には、最初は迷った言葉をためておき、ある程度の言葉の数がたまってから、用字用語集として再構築することをおすすめします。

SmartHRの場合

SmartHR Design Systemの用字用語も、最初は現在公開している用字用語集の形式ではありませんでした。社内で迷った言葉を記録しておき、当時の議論の詳細や結論をドキュメントにまとめていました。事例をためていく中で、「なぜ、その表記にしたのか」の根拠となる共通項が見えてきました。

例えば、SmartHR Design Systemには「カタカナ語を用いるときには、まず漢字語での言い換えを検討する」という用字用語のガイドラインがあります。これは、カタカナ語は意味の定義の振れ幅が漢字以上に大きいこと、ユーザーによって解釈の違いが起こることから、できるだけ漢字語での表記を推奨したものです。そして、次の事例から共通項に気づき、ガイドライン化に至りました。

- 「書き出し」なのか、「エクスポート」なのか

- 「取り込み」なのか、「インポート」なのか
- 「再読み込み」なのか、「リロード」なのか

例外のケースを考慮して定義する

用字用語を定義する際、忘れてはならないのが、原則と合わない「例外」の考慮です。用字用語を参照すれば、「漢字にすべきか、ひらがなにすべきか?」といった判断が不要になります。そのため、本来あるべき表記は別にあるにもかかわらず、用字用語に沿うことだけが先行して、適切でない表記になってしまうケースも少なくありません。そのため、例外のケースがないかを十分に考慮したうえで、用字用語を定義するとよいです。

SmartHRの場合

SmartHR Design Systemには、「送りがなを付けて表記する」というガイドラインがあります。例えば、「取消」ではなく「取り消し」と表記します。しかし、「雇用保険被保険者に係る訂正(取消)願」など、書類名などの固有名詞は例外とすることを明記しています。

使用頻度が低くても、判断に迷う用字用語であれば定義しておく

用字用語を作る際、使用頻度が低い用字用語を定義すべきかどうかを迷うことがあります。その場合、使用頻度が低くても「使用する可能性があるなら定義する」が良いです。なぜなら、定義されていないことで「この言葉が用字用語で定義されていないのはなぜだろうか?　定義すべきだろうか?」という議論が都度発生する可能性があり、用字用語の利点の1つである「開発効率の向上」から遠のくためです。使用頻度にかかわらず定義しておくほうが望ましいでしょう。

用字用語を追加しやすい仕組みを整える

用字用語が常にアップデートされ、形骸化しない状態を実現するために、用字用語を追加しやすい仕組みを用意しておくことが重要です。追加しやすい仕組みがないと、定義が必要な用字用語が置き去りになってしまいます。用字用語を追加しやすい仕組みを整えておくと、今まさに必要な用字用語が集まり、スピード感をもってガイドラインを定義していけるようになります。

SmartHRの場合

用字用語をさらに活用するための仕組みとして、Slackのワークフロー機能を使っています。表記に迷った言葉がある場合などに、入力フォームに沿って必要事項を記入するだけで、誰でも気軽に用字用語に関する議題を投稿できるようにしています。

- 正誤を知りたい
- ルール・ガイドラインを追加してほしい
- ルール・ガイドラインを変えたい
- その他

ワークフローから依頼を投稿すると、UXライターに通知が飛ぶようになっており、どの表記が良いかをSlack上で議論して決めていきます。議題が持ち込まれたその日に結論が出ることも多いため、開発スピードを落とさずに適切な表記を選ぶことができています。結論が出たあとは、判断理由とともに用字用語に追加します。

アップデートされた用字用語は、毎週開催されている開発者が集まる定例会議で周知します。これにより、依頼したメンバーが担当するプロダクトだけでなく、他のチームが担当するプロダクトにも反映されていき、プロダクト全体で表記が統一されていきます。

また、この仕組みにより、一度定義した用字用語でも、プロダクトによりいっそうふさわしい形に見直されるというメリットもあります。例えば、SmartHRの用字用語に「平仮名にしたほうが読みやすい漢字は平仮名にする」というものがありますが、最近は読みやすさの観点から漢字にするという判断が増えてきています。下記は、エラーメッセージの文例です。

案1: しばらくたってから、やりなおしてください。
案2: しばらく経ってから、やり直してください。

案1は、切れ目がわかりづらく目が滑る印象があるため、案2を採用しました。これは社内で議論を重ねていく中で、SmartHRのような業務アプリケーションにおいては、象形文字のように漢字の形そのものが意味を表す表記にした

ほうがユーザーにとって認知しやすいと判断できたためです。

用字用語の構成

SmartHR Design Systemでは、用字用語を一覧と理由に分けて定義しています。

用字用語：一覧

- 推奨する表記、NG例、その表記とした理由へのリンクを表で掲載しています
- 推奨する表記を明示し、考えられるNG例を複数掲載しておくことが望ましいです

用字用語：理由

- 「なぜ、この表記が推奨されるのか」の理由、例外の表記、出典などを掲載しています
- 用字用語を使う人が納得できる理由を明示することが望ましいです

3-14-2 UIテキスト

Content _ UI Text

世の中に「言葉」を持たないデジタルプロダクトはあるでしょうか。じっくり探せば見つけられるかもしれませんが、たいていのデジタルプロダクトには、言葉が使われているはずです。それがSmartHRのような業務アプリケーションであれば、なおさらです。機能を説明する文章や、入力フォームに配置された「送信」ボタンなど、プロダクト上にはさまざまな言葉が存在します。そうした言葉を「UIテキスト」と呼びます。

UXライティングの書籍を手に取ったことがあれば、「マイクロコピー」という単語をご存じの方もいるでしょう。UIテキストと同じくマイクロコピーも、デジタルプロダクト上の説明文やボタン文言を意味しますが、SmartHRでは「UIテキスト」という呼び方を使用しています。プロダクト内のテキストを、プロダク

トデザインも含めた一連のUIにおけるテキスト部分と捉えているためです。以後の説明も、マイクロコピーではなくUIテキストと表記します。

UIテキストの作成プロセスとガイドライン

SmartHRが人事労務というビジネスドメインに属しているように、プロダクトには所属するドメインがあります。そして、それぞれのドメインには「当たり前」とも言える概念や操作体系があるでしょう。ユーザーのメンタルモデルを考慮した「当たり前」なUIテキストであれば、ユーザーは経験則から慣用的に理解することができます。一方、メンタルモデルを考慮せず「当たり前」からズレてしまったUIテキストの場合、「当たり前にこうなるだろう」というユーザーの予想がはずれ混乱のもとになってしまいます。また、SmartHRのようにある程度成熟したプロダクトでは、所属するドメインだけでなく、プロダクトが独自に構築したメンタルモデルにも気を配る必要があります。ユーザーが違和感なく操作できることがプロダクトの優位性につながる場面では、UIテキストに奇抜さは必要ありません。馴染みのある「枯れた」UIテキストこそ、ユーザーに求められているのです。

また、プロダクトの規模が大きくなると「整合性」にも注意する必要があります。他の箇所で使用されているUIテキストとの矛盾や揺れがあると、ユーザーに迷いや不安を与えてしまいます。社内に複数のプロダクトがあり、それらを統合的なサービスとして提供しているようなケースでは、複数プロダクトにわたるUIテキストの整合性担保が、サービス全体としての使いやすさの生命線になりえます。この整合性は、「Webサイト」と「ウェブサイト」などの、単なる表記揺れを揃えることにとどまりません。同じ概念や操作体系に対し、きちんと同じテキストを設定するといった、より抽象度の高い整合性を意味します。

「当たり前」と「整合性」の観点を考慮するには、どちらも具体を抽象化する力が必要になります。ドメインで広く認知されている機能や、プロダクト内の個々のボタンに置かれたテキストは、そのままではただの事例にすぎないからです。UIテキストは、おおまかに「調査・分類・抽象化」の流れで作成していきます。まず、既存のUIテキストを網羅的に調査します。具体を把握しなければ、何が「当たり前」なのかわかりませんし、何に対して「整合性」を担

保すればいいのかもわかりません。そして、既存のUIテキストの共通点を見つけて分類し、どのような概念や操作体系を示しているのかを抽象化します。事例の集まりに「意味」を見つけ、UIテキスト作成に利用できる情報へと変化させるプロセスです。最後に、揃えるべき点や変えるべき点を判別したうえで、言葉を選びます。

上述した「調査・分類・抽象化」といったUIテキストの作成プロセスは、インターフェースインベントリのプロセスに類似しています。インターフェースインベントリとは、プロダクト上のUIコンポーネントを調査・分類し、コンポーネントに対する共通認識を醸成する活動を指す言葉で、デザインシステムを構築するうえで「最初の一歩」として位置付けられることもあります。つまり、UIテキストの作成は、その営み自体がデザインシステムのガイドライン作成に通ずるものといえます。SmartHRのUIテキストガイドラインも例外ではありません。UIテキスト作成のために、既存のUIテキストを収集・分類・抽象化していく過程で、プロダクト全般に適用できるガイドラインがおのずと生まれていったのです。

UIテキストのガイドラインの作り方

UIテキストのガイドライン作成は、UIテキスト作成の延長線上と捉えられるため、そのプロセスもUIテキスト作成と同じく下記の3つのフェーズを辿ります。

1. 調査
2. 分類
3. 抽象化

プロセスは類似するものの、アウトプットは具体的なUIテキストではなく、広く適用できるガイドラインになります。それぞれのフェーズで取り組む内容について、実例を交えながら説明していきます。

1. 調査

既存のUIテキストを調査して、同じような状況でどんなテキストが使われているか洗い出します。UIテキストを網羅的に洗い出すには、ソースコードの検索が便利です。ほとんどのプロダクトはGitHubなどでソースコードが管理されているはずなので、どのようなテキストが使われているか検索してみましょう。検索するだけであればブラウザで簡単にできるので、開発の知識は必要ありません。プロダクトが複数ある場合は、他のプロダクトも調査すると抜け漏れが少なくなります。実際にプロダクトを触って調査するのも、どんなUIテキストが存在するのかの「あたり」をつける段階では有効です。

実例

操作を取り消すときのボタンのUIテキストについて、「キャンセル」と「取り消し」で判断に迷いました。プロダクトのソースコードを検索したところ、同じような状況で使われているUIテキストとして「キャンセル」「取り消し」の他に「中断」「解除」「差し戻し」「戻す」があることがわかりました。

2. 分類

洗い出したUIテキストを、そのテキストが使われている機能や場面、操作過程とともに分類します。「このコンポーネントとセットでよく使われている」など、調査したUIテキストに何らかの共通点があるはずです。

実例

「キャンセル」「取り消し」「中断」「解除」「差し戻し」「戻す」をコンテキストとともに分類したところ、「キャンセル」の場合は情報の編集を止める状況でよく使用され、「取り消し」の場合はすでに提出した情報をなかったことにする状況でよく使用されている、など、UIテキストが定義する状況に一定の共通点があることに気づきました。また、「キャンセル・取り消し・中断」と「解除・差し戻し・戻す」では、使われているシーンそのものが異なることに気づきました。

3. 抽象化

共通点の裏側にある概念、操作体系を明らかにします。分類のフェーズでは

「相関関係」でしかなかったUIテキストの集まりに、「意味」を見つけるフェーズです。具体を抽象化するだけでなく、言葉の持つ本来の定義を辞書で確認することも、抽象化のヒントになるでしょう。「分類」のフェーズまでは1人でもできますが、「抽象化」のフェーズは、可能であれば複数人で議論しながら取り組むことをおすすめします。ガイドラインのレベルまで抽象度を上げるには、多様な観点が必要だからです。SmartHRでも、Slackのスレッドで日常的にガイドラインに関する議論がなされており、ときには投稿が100件を超えることもあります。抽象化のフェーズはそれだけパワーが必要ですが、多様な観点を内包したガイドラインは堅牢なものとなり、派生するガイドラインを考える際の土台となります。

実例

得られた分類をもとに、UXライター複数人でガイドラインの方向性を議論しました。「キャンセル・取り消し・中断」は「操作を止めるとき」、「解除・差し戻し・戻す」は「状態を戻すとき」に使うUIテキストと抽象化できたため、別々のガイドラインとして作成しました。また、「キャンセル・取り消し・中断」は、それぞれ「操作がどこまで進んでいるか」の軸で、「解除・差し戻し・戻す」は、それぞれ「状態の遷移に方向性があるか」の軸で抽象化できました。

UIテキストのガイドライン作成に必要なもの

UIテキストの作成に必要なのは、ユーザーがメンタルモデルに沿って機能や操作体系を理解できる「当たり前」と、ユーザーに迷いや不安を与えないための「整合性」を生み出せる、抽象化の力でした。プロダクトのガイドライン作成でも同じく抽象化の力が必要ですが、UIテキスト作成そのものより高度な水準のスキルが求められます。UIテキストの作成はアウトプットが具体的であるのに対し、ガイドライン作成は、抽象化したものを抽象的なまま、他人に伝わるように言語化する必要があるからです。しかし、パワーが必要な分、大きな対価を得られます。抽象化する力をガイドラインとして開発メンバーに手渡すことで、プロダクト開発の速度や品質を向上させ、事業に強いインパクトを与えることができるのです。

3-14-3 エラーメッセージ

Content _ Error Messages

エラーメッセージとは、プロダクトを操作して発生したエラーの内容をユーザー
に伝えるための言葉です。誤ったパスワードを入力した、必須項目を入力し
ていなかったなど、ユーザーが意図しない操作をしたときや、システムが予
期せず処理に失敗したときに表示される言葉すべてを指します。

エラーメッセージもUIテキストの一部です。そのため、先に説明した、ユー
ザーがメンタルモデルを利用して機能や操作体系を理解できる「当たり前」
さ、ユーザーに迷いや不安を与えないための「整合性」を生み出せる、抽象
化の力が必要です。

加えて、エラーメッセージを考えるうえで念頭に置きたいのが、ディフェンシ
ブ・デザインです。ディフェンシブ・デザインとは、「プロダクトを注意深く作っ
てテストを重ねても、人は問題に遭遇する。そのため、問題が発生したとき
にユーザーがスムーズに立ち直れるように配慮して設計する」というデザイン
の考え方です。

まったくエラーが発生しない完璧なプロダクトや、操作を一切ミスしない完
璧なユーザーは世の中に存在しないでしょう。エラーが起きないだけでなく、
エラーが発生したときにユーザーがすぐに解決方法を導き出せるよう設計す
ることが重要です。エラーメッセージは、ユーザーを導くために欠かせない
言葉といえます。

伝わるエラーメッセージを効率的に作成するために役立つのが、エラーメッ
セージガイドラインです。ここではエラーメッセージの基本的な考え方から、
ガイドラインの作成プロセスを説明します。

エラーメッセージに含めるべき情報

良いエラーメッセージとは、どんなものでしょうか?

あなたがプロダクトを操作していてエラーに遭遇した場面を思い浮かべてみて

ください。あなたは画面に表示された案内どおりに操作していました。このまま当然、操作を終えられるだろうと思っていたら、突然エラーが表示されます。予期していなかった状況に、あなたはきっと「何が起きたのか（事象）」を確認したくなるのではないでしょうか。

そして、その事象を解消するために「なぜ、エラーが起きたのか（原因）」、「そのエラーをどうすれば解消できるのか（対処）」を知りたくなるはずです。本来であれば、操作を終えていた状況で想定外のエラーに直面し、焦りを感じるかもしれません。あなたは「早くエラーを解消したい」という気持ちでエラーメッセージを確認するでしょう。

以上の状況を整理すると、エラーに遭遇したユーザーが知りたい情報は次の3つといえます。

- 事象（ユーザーにとって何が起きたか）
- 原因（なぜ、エラーが発生したか）
- 対処（エラーをどう解消すればよいか）

これらの情報が伝わるエラーメッセージになっていると、ユーザーが自力でエラーを解消でき、問い合わせの減少にもつながります。想定外のエラーに遭遇し、早くエラーを解消したいと思っているユーザーにとって多すぎる情報は認知負荷がかかります。また、エラーメッセージを表示できるエリアが限られており、文字数に制限がある場合も考えられます。必要な情報を取捨選択して明瞭に伝えることが大切です。

ただし、エラーの内容によっては、解消方法が複雑で伝えるべき情報量がどうしても多くなってしまうこともあります。エラーメッセージを表示するエリアに収まりきらない場合は事象と原因を優先して表示し、具体的な対処はヘルプページへのリンクを貼って誘導するという方法をおすすめします。

CSVファイルをプロダクトに取り込もうとしたときに発生したエラーを例にして、エラーメッセージに含める情報を具体的に説明します。

> *システムに受け付けられませんでした。不正なCSVファイルです。正しいCSVファイルを取り込んでください。*

- CSVファイルを取り込もうとしていたユーザーからすると、「システムに受け付けられませんでした。」では、操作が失敗した事象をユーザー目線で端的に伝えられていません。また、「システム」という言葉も何を指しているのかが曖昧です。
- 原因として書かれている「不正なCSVファイルです。」では、CSVファイルのどこに問題があったのかをユーザーが具体的に把握できません。
- 対処として書かれている「正しいCSVファイルを取り込んでください。」では、どうやって正しいCSVファイルにすればよいか、エラーの解消方法が示されていないことが問題です。

> *CSVファイルの取り込みに失敗しました。CSVファイルの文字コードの形式が正しくありません。UTF-8形式で保存したCSVファイルを再度取り込んでください。*

- ユーザーの操作「CSVファイルの取り込み」が「失敗」したことを端的に伝えています。
- エラーの原因となった具体的な箇所「CSVファイルの文字コードの形式」を伝えており、エラーを解消するためのヒントとなる情報を伝えています。
- 「UTF-8形式で保存したCSVファイルを再度取り込んで」と具体的にエラーの解消方法を伝えています。

After の例のように、ユーザーがエラーを解消するために行う具体的な操作を言葉にすることが大切です。プロダクトを作る開発者の目線からプロダクトの動きを説明してしまいがちですが、ユーザー目線を意識して書きましょう。

エラーメッセージの作り方

エラーメッセージはUIテキストの一部であるため、UIテキストと同じく、調査・

分類・抽象化のフェーズを辿ります。

まず、エラーが発生する条件を調査します。エラーにどのようなパターンがあるかを分類し、いつ・どこで・どんなときに発生するエラーかを整理していきましょう。具体的には、下記のような情報を整理し、まとめられるとよいでしょう。

- エラーが発生する場所
    - 例：従業員情報の一括登録画面
- エラーが発生する起因となる操作
    - 例：CSVファイルの取り込み
- エラーが発生する条件
    - 例：CSVファイルの文字コードがUTF-8以外
- エラーの表示箇所
    - 例：バックグラウンド処理の結果画面

SmartHRでは、こういったエラーパターンをプロダクト開発に関わるメンバーで洗い出し、エラーメッセージに含める情報を取捨選択するための判断材料を収集します。そこから、事象・原因・対処で、それぞれどんな情報をどこまで伝えるべきか、情報のボリュームと粒度を決めていきます。

多すぎる情報はユーザーにとってノイズとなり、最も伝えたいエラーの解消方法が埋もれてしまいます。また、開発者しか理解できないような仕様の詳細をエラーメッセージに含めると、ユーザーの読解の負荷が上がり、本来の業務に集中できなくなってしまいます。具体を把握したうえで、ユーザーが違和感なく操作できるようにエラーの内容を抽象化して伝えることも重要です。

加えて、エラーメッセージを作成する際は、類似のエラーを出している機能が他にないかを調査しながら進めることも大切です。類似のエラーがある場合は、それらの表現を比較し、足並みを揃える必要があるかを判断するためです。なぜなら、類似のエラーであるにもかかわらず、表現にバリエーションがあると、機能ごとにプロダクトの印象が違うといった違和感をユーザーに与え、ユーザーの認知負荷を上げてしまうおそれがあるからです。判断に迷う場合は、ユーザーの問い合わせに日々対応しているカスタマーサポート

のメンバーや、ドメインエキスパートにレビューを依頼することで、エラーメッセージの内容をブラッシュアップしていくとよいでしょう。

エラーメッセージのガイドライン化

エラーメッセージのガイドラインには、先にご紹介したような基本的な考え方や含めるべき要素に加え、テンプレートを作ることをおすすめします。エラーメッセージのテンプレートとは、下記のように、操作の処理名やオブジェクト名を置き換えるだけでエラーメッセージを作成できる型のことです。

> *{{オブジェクト名}}の{{操作を表す名詞}}に失敗しました。*

エラーメッセージの検討を重ねていくと、エラーメッセージの中にも書き方のパターンがあることが見えてきます。特に、必須項目が入力されていない、操作権限が不足している、制限値を超えているなど、どの機能でも共通して発生する典型的なパターンはテンプレート化しておくと便利です。

テンプレート化をするときには、まず実際に表示されているエラーメッセージを収集します。例えば、操作に失敗したことを伝える表現も、「〜に失敗しました」「〜に失敗しています」「〜できませんでした」「〜ができません」など、文末だけでもいくつかのバリエーションが出てくるはずです。それらを見比べ、エラーパターンごとにメッセージのテンプレートを作れると、さまざまな機能で使える汎用的なものをガイドラインに用意できます。

SmartHRでは、定義したエラーメッセージのテンプレートを Airtable に集約しています。SmartHR Design System に Airtable を埋め込み、開発者がコピー&ペーストできるようにするためです。こうしたテンプレートがあることで、典型的なエラーのメッセージであれば、開発者がすぐに作成でき、開発効率の向上につながります。

3-14-4 ヘルプページ

Content _ Help Pages

プロダクトやサービスの使い方がわからず、1人で解決しなければいけない状況にあるとき、どんな行動を取りますか？ あなたは、知りたいキーワードをインターネットで検索するのではないでしょうか。そして、つまずきを解決するヘルプページが、検索結果に表示されるかもしれません。

ヘルプページは、SmartHRのような BtoB 製品に限らず、BtoC 製品も含め、あらゆるプロダクトやサービスに用意されています。そして、ヘルプページを訪れるユーザーには共通していることがあります。それは、わからないことをわかろうとしてヘルプページを訪れているということです。ユーザーはわからないことを素早く解決できる情報を探しています。ヘルプページを最初から最後まで通読することは、まずないでしょう。知りたい情報だけを入手して、一刻も早く自分のやりたいことを終わらせたいと思っているはずです。

ユーザーインターフェースがわかりやすく、ヘルプページを見ずに使えることが理想ですが、「エラーメッセージ」(3-14-3)で触れたディフェンシブ・デザインの考え方のように、まったくエラーが発生しない完璧なプロダクトや、操作を一切ミスしない完璧なユーザーは世の中に存在しません。さらに、SmartHRのように法律や制度といった外部要因に準ずる必要がある場合、どうしても操作が複雑になってしまうことがあります。そのため専門性が高く複雑なドメインを扱うプロダクトでは、ユーザーの疑問やつまずきを解消するためのヘルプページが不可欠です。

ヘルプページをわかりやすく効率的に作成するために役立つのが、ヘルプページのガイドラインです。ヘルプページのガイドラインが定義されていると、UXライターのようにライティングを専門とする職能以外のメンバーもヘルプページの作成に取り組みやすくなるでしょう。作成できるメンバーが増えることで、機能のリリースと同時にヘルプページを提供できたり、問い合わせの内容を素早くヘルプページに反映して公開できたりするメリットがあります。

ここでは、ヘルプページの構成要素と役割、具体的な書き方を説明します。

構成要素と役割

ヘルプページに記載する情報の構成要素とその役割について説明します。ヘルプページは、ユーザーに情報を正確に効率よく伝えるために、下記の要素で構成されます。

- タイトル
- リード
- 見出し
- 本文
- 画像
- 囲み

これらの要素にはそれぞれ役割があり、ユーザーが探している情報を見つけやすくするために存在しています。

タイトルは、どんな内容が書かれているかをユーザーが想起できる表現にします。欲しい情報が書かれているかどうかを認知しやすいように、目次にタイトルが並んだときの一覧性を意識し、規則性のある表現にするとよいでしょう。

リードは、ページで書かれている内容の全体感を説明する役割を持ちます。リードの先を読み進めるべきかどうかの判断材料になります。リードが長くなると、ユーザーに認知負荷がかかり読みとばされるおそれが高まるため、端的に書くことが大切です。

見出しは、どのような内容が、どのような順番で、どのくらい説明されているかを把握するときに役立ちます。ページの構成を考えるときに、見出しから考え始めると、記載すべき情報のボリュームや伝える単位を整理しやすくなります。

本文は、ページの内容をユーザーに具体的に伝える役割があります。正確に効率よく情報を伝えるため、一文一義で書くなど、実用文を書くためのライティング技法であるテクニカルライティングを意識して書きましょう。

画像は、文章だけでは説明が難しい場合に、ユーザーの理解を促す役割があります。具体的には、機能の概念図や、操作の流れを説明するフロー図、プロダクトの画面のスクリーンショットなどが該当します。ただし、アクセシビリティの観点、情報量が増えて検索性が下がることを防ぐ観点から、画像の使用は最小限にすることが望ましいです。やむなく画像を使用する際は、画像を説明する代替テキストをalt属性に設定しましょう。また、スクリーンショットは、ユーザーが操作に集中できるよう、ポイントとなる部分に矢印を付けて強調したり、ユーザーの操作に必要ない部分を取り除いたりすることも大切です。

囲みとは、ユーザーの目に留まりやすいように枠で囲んだ、本文への追加情報のことです。本文で説明している流れから脱線する場合に使用します。具体的には、ユーザーが知っておくとメリットがある参考情報や、特に注意を促したい重要度の高い情報などが該当します。ユーザーの視認性を上げたいときに便利な要素ですが、使用しすぎると、本文で説明しているメインの内容が読みづらくなったり、重要な注意点が埋もれてしまったりするため、どの情報を囲みにするかは厳選すると良いでしょう。

ヘルプページの種類

ヘルプページは、扱う情報の種類によって書き方を分けています。SmartHRでは、5つのタイプに分類し、それぞれに合った書き方を用意しています。

- 機能概要
- 操作手順
- リファレンス
- トラブルシューティング
- 用語

機能概要は、機能の定義や設計思想など、ユーザーがプロダクトを使う前提となる情報を説明するページです。機能概要を読むことでユーザーが機能を利用する場面をイメージできるようにしましょう。開発時に想定したユースケースとユーザーのメンタルモデルを意識しながら、機能が与えるメリットや、機能によってユーザーの行動がどう変わるのかをユーザー目線の言葉で説明

していきます。ヘルプページの中では書くのが最も難しいタイプです。

操作手順は、ユーザーがやりたいことを達成するためにプロダクトをどのように操作するとよいか、機能の操作を順序立てて説明するページです。ユーザーが操作に必要な手順や注意事項を具体的に確認できることを重視して作成しましょう。注意喚起しないと、ユーザーが操作を進められなくなったり、データを損失したりしてしまう場合は、注意点を囲みで強調します。ただし、本来の目的である操作手順の説明を妨げないよう、注意喚起する内容を厳選して記載します。

リファレンスは、設定項目の一覧や、ある条件における制限事項など、操作に必要な情報を網羅的にまとめたページです。リファレンス（参照）という名のとおり、必要な情報を辞書を引くようにユーザーが参照できるように記載しましょう。表や箇条書きを活用するなどして、視認性の高い構成にすることが大切です。

トラブルシューティングは、プロダクトを操作して発生したエラーの内容や、よくある問い合わせの内容を説明するページです。特定の疑問やエラーをユーザーが自己解決できるよう、解決方法を明示しましょう。問い合わせ内容からユーザーが使っている用語を把握し、その用語をタイトルや見出しに反映させるなど、探している情報だとユーザーが気づきやすくなるよう配慮することが大切です。また、本文に目を通さなくても、タイトルと見出しだけで解決方法が伝わる表現にすることも意識できるとよいです。例えば、タイトルの「Q. 退職者に対しても利用料金は発生する？」という質問文に対し、見出しを「A. いいえ、在籍状況が［退職済み］の場合は、利用料金の対象にはなりません」とします。本文を読む手間を省くことができ、ユーザーは早く次のステップに進めるようになります。

用語は、プロダクトで使用している言葉の定義を説明するページです。一般用語でない、プロダクト独自の用語がある場合は、ユーザーが定義を確認しやすいように専用のページを作成することをおすすめします。その用語が登場する関連ページから、用語の定義を説明しているページのリンクを貼るなどして、プロダクトを操作する中で定義を確認しやすくなっていると、ユーザーのプロダクトへの理解が深まるでしょう。

ヘルプページのチェックリスト

ヘルプページを作成する際は、これまで述べたようなガイドラインや用字用語を参照しながら書いていきます。しかし、ガイドラインは、そのガイドラインが定義されるに至った意図や背景も含めて説明されています。そのため、実務で照らし合わせて使うという点で、ガイドラインはかさ高な存在になる側面があります。

実務に役立ち、より使われるようにするためには、おさえるべき要点をまとめたチェックリストを用意するとよいでしょう。チェックリストにすると、作成したヘルプページと照らし合わせてカジュアルに使うことができ、UXライターのような専門の職能以外にも参照してもらいやすくなります。自己チェックできる要点がまとまっていると、レビュアーの負荷軽減にもつながり、ユーザーのペインを解消する内容になっているかといった本質的な観点でレビューしやすくなるでしょう。

具体的には、下記のような要点をまとめたチェックリストを用意することをおすすめします。

情報を取捨選択できているか
- [ ] 必要な情報をもれなく記載できているか
- [ ] 不要な情報を記載して、ユーザーのノイズになっていないか
- [ ] 囲みを多用して、本来伝えるべき情報が埋もれていないか

情報を適切に配置できているか
- [ ] 先に知っておくべき情報から説明できているか
- [ ] 関連する情報は近くに配置できているか
- [ ] 見出しや箇条書きを適切に使えているか

正確かつ簡潔明瞭に説明できているか
- [ ] ユーザーの状況やプロダクトの状態を意識して、タイトルや見出しを付けられているか
- [ ] 機能の名前やUIテキストを正確に記載できているか
- [ ] 「ここで」「それを」などの曖昧な指示語、「主に」「基本的に」などの例外の

本項では、ヘルプページを書く際に留意すべきポイント、チェックリストの活用について説明してきました。考慮すべきポイントが多数ありますが、ヘルプページの役割である「ユーザーが目的を達成できるようサポートできているか」を意識することが大切です。

3-14-5 リリースノート

Content _ Release Notes

リリースノートとは、機能追加や不具合修正など、サービスやプロダクトのアップデート内容をユーザーに伝えるドキュメントです。ヘルプページが基本的に最新の機能概要や操作手順などを説明するのに対し、リリースノートはアップデート後とそれ以前の差分を説明します。ヘルプページでは補えない「サービスやプロダクトの変遷の記録」を担うのが、リリースノートといえます。身近なリリースノートの一例としては、スマートフォンアプリのアップデート内容があるでしょう。たとえリリースノートの名を冠していなくとも、プロダクトのアップデート内容は何らかの文章でユーザーに伝えられているはずです。

リリースノートは、ユーザーがアップデート内容を確認できるメディアであると同時に、開発者のためのメディアともいえます。営業やマーケティングなど、魅力を伝えるプロフェッショナルがプロダクトをアピールする機会は多いですが、開発者の場合、その機会はほとんどありません。機能追加や改善には、関わった開発者の思いがこもっているはずです。リリースノートは、開発者が自分の思いを直接ユーザーに伝えられる貴重な場所なのです。また、リリースノートを通じて変更内容を継続的にオープンにし、ユーザーの納得を得ることは、プロダクトへの信頼感の向上にもつながっていきます。

にもかかわらず、リリースノートのドキュメンテーションに関する知見は、ヘルプセンターのそれと比較すると十分とはいえません。ここでは、リリースノートを書く際に留意したいポイントを、アップデートのカテゴリーごとに説明します。

リリースノートのカテゴリーと書き方

SmartHRでは、プロダクトのアップデートを下記の5つに分類しています。

1. 新機能
2. 改善
3. 不具合修正
4. アクセシビリティ
5. 廃止した機能

それぞれのカテゴリーごとに、リリースノートを書くときに留意すべきポイントを説明していきます。

1. 新機能

プロダクトに機能を追加したアップデートです。機能が追加されて、新たに何ができるようになるのか、どんなユースケースに対応したのかを明らかにします。サービスサイトに別途プレスリリースやアップデート情報に関する記事を掲載している場合は、そのリンクも記載するといいでしょう。

2. 改善

既存の機能や画面を改善し、使いやすくしたアップデートです。どの画面をどのように変更したのか、変更によって使用体験はどうなるのかを明らかにします。これまでどんな不便があったかといった経緯も併せて、改善内容を説明します。たとえ改善であっても、何かが変わることはユーザーに少なからず負荷を与えるという視点を忘れず、変更の意図を明確にしましょう。ときには、変更していない箇所も併せて記載することで、ユーザーの負荷を軽減できる場合もあります。

3. 不具合修正

不具合や脆弱性の修正です。ユーザーに対し、仕様上の不具合を日々修正していることを明確にします。軽微な修正は概要と件数だけの記載にとどめても問題ありませんが、ユーザー影響が大きく、修正内容を詳細に伝えるメリットがある場合は、詳細を記載しましょう。

4. アクセシビリティ

アクセシビリティ対応に関するアップデートです。改善と捉えることもできますが、SmartHRではアクセシビリティへの対応状況を可視化するために、別カテゴリーとしています。

5. 廃止した機能

機能を利用できなくするアップデートです。リリースノートだけでなく、事前にサービスサイトで機能の廃止を告知するのが望ましいでしょう。リリースノートでは、機能が廃止されたことを明示するとともに、サービスサイトの事前告知ページをリンクします。機能の廃止はユーザーにとって大きな不安になりえます。改善と同じく、必要であれば変更していない箇所も記載しましょう。

カテゴリーに限らずリリースノート全般で意識したい点としては、まず文章の主語があります。SmartHRでは、「追加されました」のように主語をプロダクトにするのではなく、「追加しました」のように主語を開発者にしています。このように書くことで、機能をデリバリーする開発者の意思が伝わりやすくなります。また、1つのリリースに複数のアップデートが含まれている場合は、"ユーザーへの影響が一番大きい変更"をリリースノートのタイトルに選びます。

本項では、リリースノートを書く際に留意すべきポイントを説明してきました。いずれのポイントでも、「アップデート前と比べて、ユーザーがプロダクトをどのように使えるようになったか」を意識することが大切です。

SmartHRの人々から見たSmartHR Design System

組織への浸透

2-2の「デザインをみんなのものにする3つのステップ」では、組織全体にデザインシステムを浸透させていくための3つのステップについてご紹介しています。その中では、SmartHRで実際に実施されていた具体的な浸透施策や巻き込み方についても取り上げています。このコラムでは、あえて「巻き込まれた側」の方にスポットライトをあてていきたいと思います。

2020年4月入社で、現在はUXライティンググループに所属されている川口梨沙さん。ライティングガイドラインについて話してもらったことの中でとても印象に残っていることがあります。同年入社で同じグループの大塚亜周さんがUI文言のガイドライン策定を推進する一方で、「実は、及び腰だった」と話していたことです。川口さんは同時期に用字用語集をまとめあげるという積極的な関わり方をされていた認識だったこともあり、意外に感じました。

> 川口さん：Slackに『productside_文言相談』(現「design_system_相談」)というチャンネルがあって、そこにプロダクトマネージャーやエンジニアから、実装する文言に関する相談が持ち込まれます。投稿があると、UXライターとプロダクトデザイナーが中心に議論して、文言を提案します。大塚さんは、そこで決めた文言をもとにガイドライン化を進めていました。このフローは当時から今も続いていますが、正直に言うと、その議論に加わることに腰が引けていた時期がありました。今はガイドラインが増えたことで、既存のガイドラインを参考にすぐに回答できることも多いです。当時はすべてイチから話さなければいけない状況で、Slackに相談が持ち込まれ、気づくとスレッドに30件ものコメントが連なったり、白熱したときには100件にも及んでいたり……。膨大な情報量と周囲の言語化力に圧倒されていた覚えがあります。

「design_system_相談」チャンネルの直近半年のタイムラインをさかのぼってみました。すると、いずれも1つの相談に対し多くて10件前後のやりとりで済んでいます。川口さんのこのエピソードを通じて、「ガイドライン化が進むほどガイドライン化しやすくなる」という好循環があることに気づきました。好循環が生み出される要素を深堀りし

て考えてみると、「ガイドラインを決める」には2種類あることが見えてきます。

・既存の理由をもとに新たなガイドラインを決める
・ガイドラインを決めるとともに新たな理由を作る

例えば、「design_system_相談」チャンネルに「様々」と「さまざま」どちらを表記すべきかという相談が持ち込まれたとします。ガイドラインを参照すると以下のような類似例が見つかります。

> 推奨する表記「あらかじめ」
> NG例「予め」
> 理由「平仮名にしたほうが読みやすい漢字は平仮名にする」

「平仮名にしたほうが読みやすい漢字は平仮名にする」という理由に当てはめ、「さまざま」のほうがふさわしそうだと判断をする場合が前者です。一方、「平仮名にしたほうが読みやすい漢字は平仮名にする」という理由自体やその理由の根拠となるロジックを作り出す場合が、「ガイドラインを決めるとともに新たな理由を作る」です。この2つは似て非なるスキルで、前者の場合には、抽象理論を具体の事例に当てはめて考えるスキルが必要になります。数学で公式を使って問題を解くイメージに近いかもしれません。後者の場合には、その言葉が使われるシーンや認知のされ方を抽象化するスキルが必要です。こちらのスキルのほうが高度で、扱える人が少ないのではないかと思います。

ガイドライン化を進めていくにあたり、最初は後者のスキルが重要になります。理由が作られていけば、前者のスキルを持った人もガイドライン化できるようになっていくため、「ガイドライン化が進むほどガイドライン化しやすくなる」という好循環が生まれるのではないかという発見がありました。

おわりに

実はこの発見については当初コラムで扱う予定はありませんでした。というのも、この発見は4本目を書いているうちに得たものだったからです。4本目の「ライティングガイドライン」のコラムを書いているうちに気づきを得て、5本目を書かせてもらっています。

このように、執筆していく過程で気づくことがたくさんありました。特に印象的だったのは、取材を終えて構成に落とし込んだときのことです。9名の取材を終えた私の手元には約12時間分の録音データとメモが残っていました。メモを振り返ったり音源を聞き直したりする中で、まとめ方を迷っていた私は取材で聞いた内容を「因果ループ図」という図にまとめていきました。整理し終えると、「なぜSmartHR Design Systemが専

任の担当者がいなくても持続的に更新され続けているか」の解となる好循環が3つも
見つかりました。

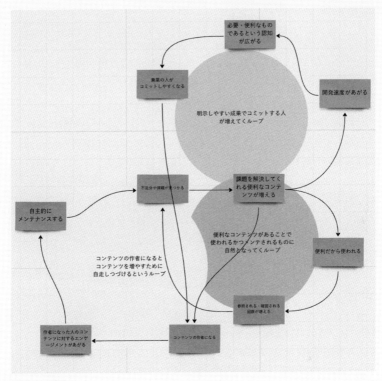

因果ループ図

この3つの好循環は、パート2で「デザインシステムを作るコツとステップ」として書い
ています。私にとってはコラムが「経験」で、パート2が「経験から生まれた知識」のよ
うな存在です。コラムの枠を飛び越え、本書に関われたことをとても嬉しく感じていま
す。このコラムの取材・執筆は総じて私にとって充実した学びの時間でした。その学び
の少しでも、今読んでいるあなたに届けられていることを願っています。

3-15 デザインパターン

Design Pattern

「パターン」とは繰り返し現れる構造や設計、概念などを再利用しやすい形にまとめたものを指します。

ここで取り扱う「デザインパターン」とは、デザインシステムに収録されているコンポーネント (3-13)の組み合わせ方をはじめとする、インターフェース設計のルールやナレッジをドキュメント化した狭義のものです。

コンポーネントのような部品 (パーツ)を定義できたら、その組み合わせで成る一回り大きな部品群 (パターン)の設計ナレッジを集めてみましょう。UIデザインに頻出する構造や、振る舞いの課題に対応するための指針が、ここでいうデザインパターンになり得ます。

デザインパターンの作り方

「デザインパターン」と聞くと「パターンライブラリ」や「パタン・ランゲージ」といった言葉を思い浮かべる方もいるでしょう。SmartHRで「デザインパターン」と呼んでいるものは、平たく言えば"開発ナレッジ"です。

UIパターンの一覧や、コンポーネントの組み合わせを網羅しようとせず、プロダクトを作っていく過程でシステム化できる項目を順次ドキュメント化しています。開発チームに所属している各メンバーが、プロダクト開発の中で「全体を揃えたほうがよさそうだ」と判断したものを、デザインパターンとして整備しています。

また、実務で使えることを目的としているため、粒感を揃えたり、網羅的にドキュメントを用意することはしていません。そのため、一般的な「パターンライブラリ」には含めないような、アカウント権限による表示制御や、表示パターンの判定フローなどもこの中で明示しています。これは業務アプリケーションを扱うSmartHRならではのナレッジですが、どのようなプロダクトにお

いても、頻出するインターフェース設計で優先して統一すべき設定、シェアすべきナレッジが存在するはずです。

デザインシステムを作る前は、デザインパターンは個人の脳内や、チャットの履歴、社内のドキュメントに存在していました。デザインシステムを作ったことで、これらを集めて設計ガイドとして紹介する場所となり、社内の共通言語として機能しています。

テンプレートを用意する

SmartHR Desing Systemでは、運用ガイドラインに「デザインパターン」のテンプレートを用意しています。

テンプレートはドキュメント化の障壁軽減に貢献しています。デザインパターンにコミットするメンバーは、特定のプロダクトデザイナーだけでなく、入社間もないデザイナーやUXライターまで間口を広げています。ただし、このテンプレートは後から作られたものです。いくつかの既存ドキュメント間の見出しのばらつきが気になり、共通項が見いだせそうだったため、テンプレート化に着手しました。

ドキュメントのテンプレートがあれば、ドキュメント作成が効率化できるのは自明でした。ですが、テンプレートから作るとなると抽象化の作業が必要になり、本来の目的である、"必要とされている具体のドキュメントが公開できるようになる"までに時間がかかってしまいます。それではSmartHRがデザインシステムを作っている目的と離れてしまうため、最初のうちは、社内のドキュメントをそのまま転記したものから始めました。

テンプレートとして共通項を構造化・抽象化する作業は、多くのドキュメントに該当する部分を見つけて、抜き出して、整理することです。そうすることで、汎用性の高いテンプレートが自然と完成していきます。しかし、テンプレートの構成自体も、今後ドキュメントが増えれば見直しの可能性があるかもしれません。

ドキュメント化の優先度を判定する

依然として、何かに特化していて一般化できないルール、質問には答えられるもののドキュメント化の追いついていないナレッジなど、未整理のパターンは社内に埋もれているかもしれません。それらすべてを拾い上げて体系化するのではなく、開発を進める過程で今こそ重要だと感じるポイントに対して言語化を優先すればよいと考えています。

デザインパターンのテンプレート

概要は、主題の役割やドキュメントの内容の要約を書きます。基本的にタイトルを主語にして書きます。

基本的な考え方

主題を定義するうえでの基本方針や原則を書きます。概要的な説明はここには書きません。

アクセシビリティ

主題全体に対するアクセシビリティの考え方として、強調して言及する場合に書きます。
要素に閉じている場合は、{要素名}のセクションに書きます。

ライティング

主題全体に対する文言の考え方として、強調して言及する場合に書きます。
要素に閉じていた内容は、{要素名}のセクションに書き、全体の文言のバリエーションはライティングパターンに書きます。

構成

主題を構成する要素の全体像と、それぞれの要素を説明します。テンプレは以下です。

{主題}は以下の要素で構成されています。

1. [要素名1](#ページ内リンク)
2. [要素名2](#ページ内リンク)

```
3．［要素名3］(#ページ内リンク)
```

要素の全体を俯瞰する画像やComponentPreviewがあればここに埋め込み
ます。

要素名

要素の役割や、要素のみに関する余白、種類、文言のルールや制約を、よし
なに子セクションを分けて定義します。

1つ要素の説明が長大になる場合は、それ自体を別のページにわけることを考
えましょう。
要素内に閉じない、全体に関わるものはレイアウトや種類などのセクションに
書きます。

要素の画像やComponentPreview、スプレッドシートがあればここに埋め込
みます。

レイアウト

主題を配置する際の余白のとり方や配置の制約を、よしなに子セクションを分
けて説明します。
構成で定義した要素間の配置関係もここに含みます。

要素内に閉じたレイアウトは{要素名}のセクションに書きます。

レイアウト全体を俯瞰する画像やComponentPreviewがあればここに埋め
込みます。

種類

主題全体のUIバリエーションを説明します。
種類やパターンごとに子セクションを分け、その種類になる条件や役割を定義
します。

バリエーション名

どんなときのバリエーションか、などを書きます。
バリエーションごとのライティングルールがあれば、<blockquote>やスプレッドシートなどを含めてここで書きます。

バリエーションの画像や<blockquote>、ComponentPreview、スプレッドシートなどがあればここに埋め込みます。

ライティングパターン

主題に種類がなく、ライティングルールだけ書きたい場合はここに書きます。
<blockquote>やスプレッドシートなども埋め込めます。

ライティングガイドラインから抜き出した<blockquote>やスプレッドシートなどがあればここに埋め込みます。

その他のルール

基本的に上記の項目に当てはめることを推奨しますが、主題がルールのみの場合など、これらに当てはまらない内容を説明する場合に使用する自由項目です。
よしなに子セクションを分けて書きます。

3-15-1 デザインパターンが必要なフェーズ

Design Pattern _ Phases Requiring Design Patterns

デザインシステムの中には、コンポーネントのみを用意しているケースもあります。それでまったく問題ない状況もあるでしょう。それらは、まだコンポーネントが足りずに増やしているフェーズ、パターンをまとめるよりは生み出しているフェーズ、またはデザイン組織が小規模で各自の目が全体に行き届いている場合などです。

SmartHR Design Systemでも、当初は「SmartHR UI」だけを公開していました。プロダクトが大きくなり、開発に関わる人数が増えるにつれて、個人やチームによってコンポーネントの組み合わせ方に差異が生じ、ドキュメントをまと

める必要に迫られた経緯があります。

デザインパターンが求められるフェーズとしては、以下が考えられます。

開発組織がグロースしている

開発組織が成長して人が増えると、コミュニケーションコストも増えます。共通認識に差異が生じ、個人が組織に参加したタイミングや習熟度によって、アウトプットがバラつく恐れがあります。組織の成長過程において、また成長が予見される中で、暗黙知を言語化したドキュメントの価値は非常に高くなります。

プロダクトが複雑化している

組織の成長にも比例しますが、1つのプロダクトが成熟し、複数のチームで開発するほど多機能化している場合、新しいデザインパターンが多発的に生まれることがあり、バラつきを防ぐことが難しくなります。特に業務アプリケーションには似たような操作が多く、ユーザーは道具を使いこなすように繰り返し使うことで操作の感覚を身につけます。そのため、機能や画面ごとに違いが生じるとそれはユーザーの学習コストになってしまいます。この観点からも、デザインの取り決めに基準を作ることが重要になります。
デザインシステムを構築している組織は、往々にしてこうしたグロースの途中であり、ナレッジ集やルール集を作る力学が働きやすいといえます。言語化する対象は、各々のデザイナーが経験や現行の課題から引っ張り出さなくてはいけません。

もし、新規で立ち上げたプロダクトのアウトプットを複数のデザイナーがそれぞれ一通り把握し、相互にレビューできているのであれば、ブレが放置されるリスクは少ないといえます。また、アプリケーションごとにチームが分かれているのであれば、インターフェース設計を均一にする必然性も低いでしょう。

プロダクトの規模や事業ドメインが変わるにつれ、デザインパターンに必要な構成も分岐も変わっていきます。整理すべき情報の優先度を見極めつつ、ドキュメント化に取り組む機会を逃さないようにしましょう。

3-15-2 ヘッダー

Design Pattern _ Header

ヘッダーは、マルチプロダクトの機能間をユーザーが移動するために必要不可欠な要素です。

ユーザーにとっては、違和感なく1つの業務アプリケーションを利用している体験価値と同時に、「自分が今はどの機能を利用しているか」"現在地"を認知できるようにするナビゲーションとしての役割を果たします。

プロダクトがマルチプロダクト化するフェーズで都度、設計の見直しが必要になりますが、ユーザーが最も慣れ親しむインターフェースなので、頻繁な改修は避けましょう。

SmartHRの実例

構成

ヘッダーの構造は、大きく2つの領域によって構成されています。
1. グローバルヘッダー (上)
2. アプリナビゲーション (下)

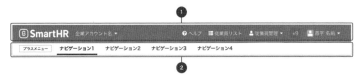

ヘッダーの構成

1. グローバルヘッダー

グローバルヘッダーは、システム設定・通知・機能間の移動など、システム全体の横断的な移動をサポートします。この領域を構成する主な要素は次の通りです。

- SmartHRロゴ

- ヘルプボタン
- 企業アカウント切替ボタン
- ユーザーアカウントボタン

SmartHRロゴ

SmartHRのトップページへ遷移するためのボタンです。すべてのグローバル
ヘッダーに必ず配置します。遷移先は、SmartHR基本機能のトップページです。

- ロゴの表示には、SmartHRLogoを使います。
- ロゴを使用する際は、基本要素のガイドラインに準拠します。

グローバルヘッダーにSmartHRロゴを配置した例

ヘルプボタン

SmartHRの基本機能と各オプション機能に対応したヘルプセンターのセク
ションページへ遷移するためのボタンです。すべてのグローバルヘッダーに必
ず配置します。

- テキストリンクの左にアイコン (FaQuestionCircleIcon)を配置します。
- アイコンの色は、テキストの色に準拠してWHITEとします。

ヘルプボタンの構成

遷移先は機能によって異なります。

機能	遷移先	備考
基本機能	ヘルプセンターのトッ プページ	
オプション機能	ヘルプセンターのアプ リごとに対応したセク ションページ	例：年末調整のグローバルヘッダーのヘル プボタンをクリックすると、年末調整のヘ ルプページへ遷移します

3-15-3 権限による表示制御

Design Pattern _ Display Control by Authority Level

業務アプリケーションには、ユーザーごとに操作や閲覧できる範囲を制限するために、複数の権限が用意されています。ユーザーに、権限による制御を意識させるかさせないかによって、その表示は異なります。

SmartHRでは、主にすべての操作・閲覧権限を持つ管理者権限と、それ以外に従業員がSmartHRを利用するための権限、役職者などに一部の操作・閲覧を可能にするためのカスタム権限があります。複数のパターンが存在するため、権限によるオブジェクトの表示・非表示・disabledルールを定義しています。

SmartHRの実例

基本的な考え方

アカウントに付与された操作権限に伴う、UIの基本的な考え方は以下のとおりです。

1. 権限がない場合、操作に関わるUI（アクションボタンやオブジェクトそのもの等）は非表示とする。
2. 権限はあるが、常に操作できないオブジェクトが対象である場合は非表示とし、その理由を明示する。
3. 権限はあるが、使用中など、オブジェクトの操作ができない場合はdisabledとし、その理由を明示する。

種類

基本的な考え方を元に、 4つの表示パターンを定義します。

表示パターン	説明	権限一覧での例
A	操作に関わるUIは非表示とし、理由も明示しない	（管理者権限以外は権限設定を操作できないため、この条件には当てはまらない）
B	操作に関わるUIは非表示とし、その理由を明示する。表示方法は個別に検討する。（オブジェクト横にアイコンを出すなど）	システム標準の権限は削除できないため、非表示にする。理由は、権限名の横の（アイコン：FaInfoCircleIcon）アイコンで伝える
C	操作に関わるUIはdisabledとし、その理由を明示する（disabledボタンにTooltipで伝えるなど）	アカウントに紐づいているカスタム権限は削除できないため、disabledにする。理由は、disabledボタンのTooltipで伝える
D	操作に関わるUIを表示する	上記に当てはまらない場合に編集・複製・削除ボタンを表示する

表示パターンの判定フロー

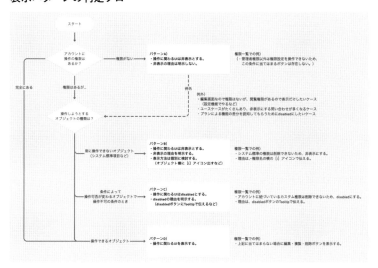

表示パターンの判定フロー

ライティングパターン

理由の書き方

「回避可能な場合は、行き止まりだと認識させず、回避方法と知ってもらえる書き方」を基本とします。

操作に関わるUIの状態	トーンの例
ユーザーの対応によって権限や設定を変更できる場合メッセージが表示されたユーザーよりも強い権限を持ったユーザーであれば、権限や設定を変更できる場合	「〜がないので、〜できません。」「〜のため、〜できません。」
ユーザーが何をしても変更できない場合	「〜できません。」

3-15-4 余白の取り方
Design Pattern _ How to Set a Margin

余白のトークンでも触れましたが、余白は画面構成には欠かせない要素です。しかし、主な利用者である開発者には扱いが難しいためパターンとして提供し、できるだけ余白の実装について頭を悩ませなくてよいようにパターン化しています。副次的に視覚的な余白の調整コストは下がり、デザイナーがいなくても最低限理解しやすい画面を提供できるでしょう。

パディング (Padding)やマージン (Margin)などの余白のパターンをシーン別にまとめています。

SmartHRの実例

基本的な考え方

余白は、要素間の距離に差をつけてかたまり (チャンク)を形成することで、要素同士の並列・内包などの関係性を視覚的に表現するために使います。余白の値は、原則として8の倍数を使用し、画面の外側から内側にいくにつれて小さい値を段階的に使います。

種類

以下の余白を定義します。

- パディング (Padding)
- マージン (Margin)

パディング (Padding)

原則として24pxとします。縦長・横長になった場合や、中の要素がつまって狭くなってしまうときは、16pxとします。

コンテンツエリア (Base)の余白

対象エリア	天地余白	左右余白
コンテンツ全体	24px	24px

Baseのパディングのパターン

コンテンツエリア内のグループ (BaseColumn)の余白

基本的に、セクション (主にセクションタイトルで括られるエリア)内でFormGroupなどを複数配置するようなパターンで適用し、中の要素がつまったり狭くなることが想定されるため、16pxとします。

対象エリア	天地余白	左右余白
コンテンツ全体	16px	16px

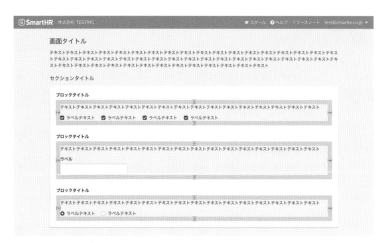

BaseColumnのパディングのパターン

ダイアログの余白

見出しとボタンエリアは横長になるため、天地左右16pxのほうがすわりがよいですが、本文エリアの読み開始位置と一致させるため、左右を24pxとし、天地に16pxとします。

対象エリア	天地余白	左右余白
見出しエリア	16px	24px
本文エリア	24px	24px
ボタンエリア	16px	24px

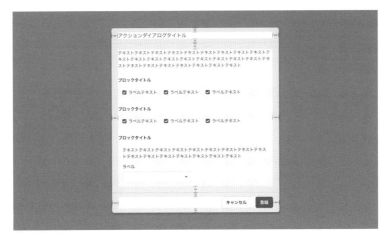

Dialogのパディングのパターン

マージン (Margin)

セクションやブロックの見出しレベルや階層を下げるにつれて、32px、24px、16pxの順で段階的に使います。ただし、段階的に使用した結果、間隔がつまったり開きすぎてしまうなど視覚的なグルーピングが不適切と判断される場合は、段階を超えて適切な大きさを使います。

具体的な配置の基準は次の通りです。

- 原則、要素に対して上方向に適用する。
- 同じ意味階層となる要素同士は、それぞれ同じ大きさのマージンを適用する。

セクション同士の間
32pxとします。

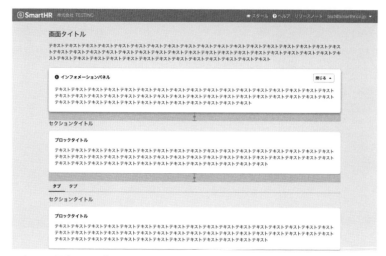

セクション同士のマージンのパターン

画面タイトルエリアとセクションの間

24pxとします。

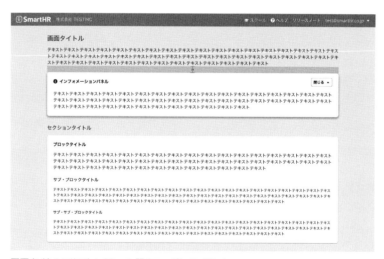

画面タイトルエリアとセクション間のマージンのパターン

見出しと本文（またはBase）の間

16pxとします。

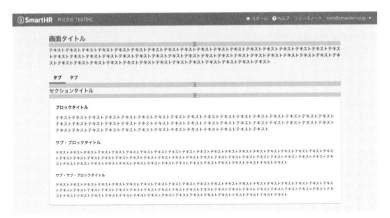

タイトルと本文間のマージンのパターン

セクション内の要素同士の間

見出しレベルやコンテンツの階層を下げるにつれて、32px、24px、16pxの順
で段階的に適用します。

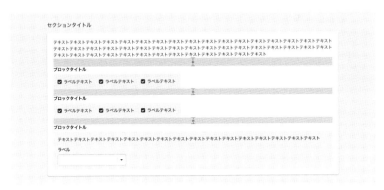

セクション内の要素のマージンのパターン

アイコンやラベルなどの小さい要素間

アイコンやラベルといった小さい要素を組み合わせる場合は、基本的に8px
とします。

- InfomationPanelやFormGroupなどのように、ブロックの見出しやInputに
  アイコンやラベルを複合的に組み合わせる場合は、16pxと8pxを段階的
  に組み合わせて適用します
- インラインテキスト内でテキストリンクにアイコンを付加する場合は、4px
  とします

アイコンやラベルなどの小さい要素間

ダイアログの本文エリア内の要素間

見出しレベルやコンテンツの階層を下げるにつれて、32px、24px、16pxの順
で段階的に適用します。

タイトルと本文間のマージンのパターン

3-15-5 「よくあるテーブル」

Design Pattern _ "Commonly Used Tables"

頻出するレイアウトパターンに限らず、頻出する「何か」に名前をつけておく
ことは、開発現場で円滑なコミュニケーションをするうえで欠かせません。
SmartHRは人事労務の業務アプリケーションという性格から、従業員や書類
といったデータを表形式で一覧表示するUIが頻出します。このデータの一覧
と、データに関連する操作やフォームをまとめた総称を「**よくあるテーブル**」
として名づけています。そして、一見、揃っていても微妙な差異のあるUIを
作らないようにレイアウトパターンをドキュメント化しています。

複数の異なる立場の人間が開発コミュニケーションを円滑に進めるために
は、物事を定義して、名前をつける行為が欠かせません。実態に即した名前
をつけることはもちろん、印象的で記憶に残りやすく呼びやすい言葉選びが
できるとなお良いでしょう。

SmartHRの実例

構成

「よくあるテーブル」は、次の要素で構成されています。必須項目以外は任意の表示項目です。

1. テーブル
   - オブジェクト名（必須）
   - オブジェクトの情報
   - オブジェクトの操作
2. タイトルエリア
3. テーブル操作エリア
4. 一時操作エリア

よくあるテーブルの構成

1. テーブル

「よくあるテーブル」は、多くの場合「1項目1行の1次元リスト」のテーブルを含みます。

オブジェクト名

オブジェクトの名前を指します。行を識別するために必須要素として設定します。

遷移リンクのスタイル｜オブジェクトの詳細ビューへ遷移する場合、オブジェクト名にリンクを設定します。テキストリンクによる遷移は「オブジェクトの操作」にはあたらないため、アクションボタンは使いません。

オブジェクト名
オブジェクト1
オブジェクト2
オブジェクト3

遷移リンクのスタイル

オブジェクトの情報

オブジェクトごとに表示する情報を指します。テーブルにはオブジェクトの持つすべての情報を表示する必要はありません。ユーザーが、それぞれのオブジェクトを識別・比較できる情報を検討して表示します。

ステータス	オブジェクト名	オブジェクトの情報	オブジェクトの情報
ステータス	オブジェクト1	1	2021-01-01
ステータス	オブジェクト2	2	2021-01-02
ステータス	オブジェクト3	3	2021-01-03

オブジェクトの情報の表現

オブジェクトの情報量および表示領域の幅｜各機能のユースケースや仕様によって異なるため、オブジェクトの情報量（列数）および表示領域の幅には制限を設けません。ただし、情報量が多いと表示領域を圧迫し、ユーザーの認知負荷を高めることになります。表示する情報量（列数）を十分に検討し、情報量に応じて表示領域の幅を適切に設定してください。

横スクロール｜表示する情報が多く、どうしても省略できない場合には、テーブルエリア内を横スクロールすることを許容します。ただし、横スクロールは情報の一覧性を下げるため、可能な限り横スクロールを必要としない設計を

心がけてください。

情報の省略 | 情報を指定幅以上に表示したい、またはセル内で情報を複数行で表示させたくない場合、LineClampなどを使ってセル上の情報に三点リーダーを付けて省略します。省略した情報は、マウスオーバーした際にTooltipを表示し、すべての情報を示してください。

ステータス	オブジェクト名	オブジェクトの情報	オブジェクトの情報
ステータス	オブジェク... `長そうでそんなに長くないオブジェクト2`		2021-01-01
ステータス	長そうでそんなに長くない...	2	2021-01-02
ステータス	オブジェクト3	3	2021-01-03

情報の省略表現

オブジェクトの操作

オブジェクトに対して「編集」「削除」などの操作をする場合、アクションボタンを設定します。
ユーザーの視線導線に合わせ、基本的にオブジェクト名より右側に設置します。

単一のオブジェクト操作 | 単一のオブジェクトに操作をしたい場合、アクションボタンをオブジェクト（行）それぞれに設置します。ボタンは1つのオブジェクトに対して、**最大3つを上限とします**。それ以上設置する必要がある場合は、ドロップダウンボタンに操作を格納することを検討しましょう。

単一のオブジェクト操作

複数のオブジェクト操作 | 複数のオブジェクトに対して、一括で同時に操作する場合は、テーブル内の一括操作 (3-15-6) を参照してください。

2. タイトルエリア

「よくあるテーブル」の見出しと説明テキストを含むエリアです。

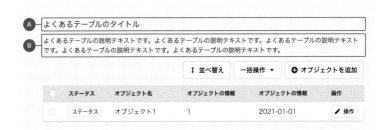

タイトルエリア

画面タイトルが「よくあるテーブル」の見出しを兼ねる場合は、タイトルエリアを省略できます。

A. 見出し

「よくあるテーブル」の見出しです。

- Headingを使用し、適切な見出しレベルを設定してください
- 多くの場合、{オブジェクト名}という表記を採用しています

B. 説明テキスト

「よくあるテーブル」の説明を表示できます。説明テキストを省略する場合は、見出しをテーブル操作エリアと並べて表示します。

説明テキストを省略したタイトルエリア

3. テーブル操作エリア

テーブルにオブジェクト (行)を追加したり、オブジェクト全体を一括で変更するなどの、**データの追加・一括変更などに関わる操作をまとめたエリア**です。このエリアは、テーブルを含むBase外の右上 (見出しの右側)に配置します。

- アクションボタンとして、Buttonや、類似する操作をまとめたドロップダウンボタンを配置できます
- ユーザーが操作に迷わないように、ボタンは**最大3つを上限とします**

テーブル操作エリア

アクションボタンの例

ここに配置される典型的なアクションボタンの例は以下のとおりです。以下に限らず、扱う機能やユースケースによって、データの追加・一括変更などに関わるアクションボタンを配置できます。

操作名	ボタンのラベル例	役割・動作
オブジェクトの追加	項目を追加	オブジェクトを追加するためのボタンです。「{**オブジェクト名**}を追加」と表記します。クリックすると、多くの場合、オブジェクトの追加ダイアログを表示します。
オブジェクトの並べ替え	並べ替え	オブジェクト (行) の並べ替えをするためのボタンです。クリックすると、「よくあるテーブル」が「並べ替え状態」に切り替わります。
オブジェクトの一括操作	一括追加 (CSV)，一括更新 (CSV)	CSVファイル等によるオブジェクトの追加・更新を一括で行う操作をするためのボタンです。クリックすると、CSVファイルを登録する一括操作ダイアログを表示するほか、複数の一括操作をドロップダウンボタンを使って「一括操作」ボタンとすることもあります。

4. 一時操作エリア

テーブルの検索やフィルタリングなど、**テーブルのデータには影響しない一時的な操作をするためのボタンやフォームをまとめたエリア**です。このエリアは、テーブルを含むBase内の上部、およびBase外の下部に配置します。

一時操作エリア

Base内の上部に配置する操作の例

このエリアに配置される典型的な操作の例は以下のとおりです。以下に限らず、扱う機能やユースケースによって、一時的な操作に関するボタンやフォームを配置できます。

操作名	ボタンのラベル例	役割・動作
オブジェクトの検索	検索	入力ボックス（Input）と検索ボタンがセットになった検索フォームです。
オブジェクトの絞り込み	絞り込み	FilterDropdownを配置します。クリックすると、テーブルのオブジェクトを絞り込むオプションをドロップダウンで表示します。
オブジェクト（一覧）のダウンロード	ダウンロード, 全件ダウンロード	Secondaryボタンのアイコン付き（左）を配置します。（アイコン（FaCloudDownloadAltIcon）を使用）オブジェクトの絞り込み状態に依存せず、オブジェクトの全件が常にダウンロードされる場合は、ラベルを「全件ダウンロード」とします。
テーブルのページ数、ページ番号	9,999 件中 1-5 件	多くの場合、「{総件数}件中 {表示している順番の範囲}件」のように、現在表示しているテーブル内容の現在位置を示します。1ページあたり20件〜50件とすることが多いですが、ユースケースや表示速度を考慮して適切な件数を設定します。コンテンツの横幅に応じて、表示する内容の量を検討してください。

操作名	ボタンのラベル例	役割・動作
テーブルの ページ送り	-	テーブルのオブジェクトの量（行数）が多くなる場合に、複数のページに分けてPaginationを配置します。コンテンツの横幅に応じて、表示する内容の量を検討してください。

Base外の下部に配置する操作の例

レイアウト

操作名	ボタンのラベル例	役割・動作
テーブルの ページ送り	-	テーブルのオブジェクトの量（行数）が多くなる場合に、複数のページに分けてPaginationを配置します。コンテンツの横幅に応じて、表示する内容の量を検討してください。

基本的に「余白の取り方」（3-15-4）に従って配置します。要素間の余白は以下のとおりです。（コンポーネント内の余白は省略）

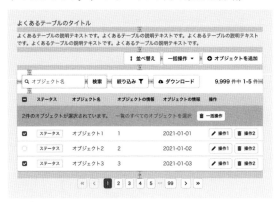

「よくあるテーブル」の要素間の余白

種類

テーブルに表示するオブジェクトの数（行数）に応じて、「よくあるテーブル」のバリエーションを定義します。それぞれで各要素（テーブル、タイトル、テーブル操作エリア、一時操作エリア）の表示パターンが異なります。

初期表示

オブジェクトの登録数が0件である初期状態の表示パターンは以下のとおり
です。

1. テーブル
   - テーブルヘッダー (thead)は表示したままとします。
   - オブジェクトのエリアには、「{オブジェクト名}はまだ登録されていませ
     ん。」というメッセージと、オブジェクト追加を促すボタンを上下左右中
     央に表示します。
   - オブジェクト追加を促すボタンは、基本的にSecondaryボタンのサイズ
     小を使います。
2. タイトル
   - 表示の制約はありません。
3. テーブル操作エリア
   - オブジェクトがないと成立しないアクションボタン (「並べ替え」,「一括更新
     (csv)」) は**非表示**とします。
4. 一時操作エリア
   - 操作対象のオブジェクトが存在しないため、一時操作エリアは**非表示**と
     します。
   - テーブルのページ送りも**非表示**とします。

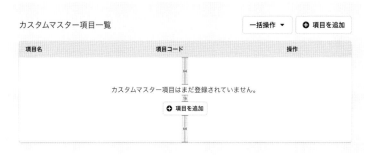

「よくあるテーブル」の初期表示の例

検索結果なし

オブジェクトの検索結果や絞り込み結果が0件であった場合の表示パターンです。検索結果のオブジェクト数は0件ですが、オブジェクト自体はテーブルに存在しています。

1. テーブル
   - テーブルヘッダー (**thead**)は表示したままとします。
   - オブジェクトのエリアには、「お探しの条件に該当する{オブジェクト名}はありません。別の条件をお試しください。」というメッセージを上下左右中央に表示します。
2. タイトル
   - 表示の制約はありません。
3. テーブル操作エリア
   - 表示の制約はありません。
4. 一時操作エリア
   - 一時操作エリアは表示したままとします。
   - テーブルのページ送りは**非表示**とします。

検索結果がない「よくあるテーブル」の例

1ページ未満

オブジェクトの登録数が1ページに収まる (Pagenationがない)場合の表示パターンは以下のとおりです。

1. テーブル
   - 表示の制約はありません。
2. タイトル
   - 表示の制約はありません。
3. テーブル操作エリア
   - 表示の制約はありません。
4. 一時操作エリア
   - テーブルのページ送りは**非表示**とします。

1ページ未満の「よくあるテーブル」の例

3-15-6 テーブル内の一括操作
Design Pattern _ Batch Operations Within Tables

レイアウトパターンが頻出するなら、当然そのUIを使った操作も頻出します。ユーザーの業務効率化が提供価値の1つであるSmartHRでは、複数ページに分割して表示しているデーター覧に対して一括操作ができるレイアウトパターンがあり、操作自体と併せて頻出します。ページごとにテーブル上で表示しているデータとは関係なく、表示され得るすべてのオブジェクトを選択できるこのUIは、実装者の名前から「**わくわくチェック**」と、開発当初から呼ばれていました。

この機能に独特な名前をつけたのは、認識のズレを発生させないためでした。例えば、「一括チェック」や「全件チェック」とすると、画面上に表示しているテーブル内での全件チェックなのか、ページに関係なく存在するすべてのデータに対する全件チェックなのかが伝わりません。この認識のズレがプ

ロダクト開発に多大なる遅延を発生させる可能性につながるため、呼称が生まれました。

わくわくチェックとは何か、あるいは一括チェック機能の仕様の難しさについて

👤 全員 🏷 dev

★ 14 　★ スターをつける

この記事を見ているあなたは、社内での会話で突然現れた「わくわくチェック」という言葉の意味がわからずに Google で検索してもそれらしきものも見当たらず、最後の頼みの綱として社内 DocBase で「わくわくチェック」と検索してこの記事を見つけたのではないだろうか。

この記事ではそんなあなたにわくわくチェックの全てを伝えます。

わくわくチェックの定義

「わくわくチェック」とは SmartHR のアプリケーションにおいて頻繁に出現する、とあるインターフェースに名付けられた名前です。
このわくわくチェックをうやうやしく正確な言葉で伝えると「ページを跨いだリスト全件チェック機能」と呼ぶことができます。

フロントエンドエンジニアがまとめたSmartHR社内のドキュメント

社内にドキュメントは存在していたものの、デザインパターンでその挙動をまとめるまでは、この名称は主にミーティングなどの機会に開発者から開発者へと口伝されていました。デザインシステムに掲載するにあたって、見出しとして項目を設けて、その定義と名称を明示しています。

このようなコンテキストの深いものほど、定義と名称を明示しておくことは、Single source of truthを体現するうえで必要なアクションといえます。

SmartHRの実例

構成

「よくあるテーブル」の中で、複数オブジェクトへの一括操作に関するUIは、以下の要素で構成されます。テーブル内のその他の要素については、「よくあるテーブル」(3-15-5)の「構成」を参照してください。

1. 一括選択するチェックボックス (必須)
2. 個別選択するチェックボックス (必須)
3. テーブル内の一括操作エリア
   - 一括操作エリアの表示
   - わくわくチェック (すべてのオブジェクトの選択)
   - 一括操作ボタン

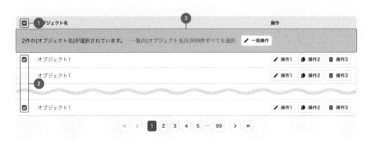

テーブル内一括操作の構成

1. 一括選択するチェックボックス

テーブル内の要素をすべて選択できるチェックボックスです。デフォルトは未選択状態で、クリックされるとテーブルに表示されているオブジェクトをすべて選択状態にします。表示しているページ外のオブジェクト (他のページのオブジェクト)は選択状態にしません。

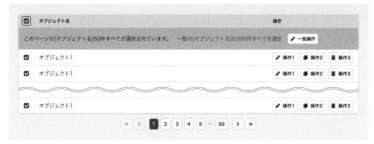

一括選択するチェックボックスが選択されている状態

「一括選択するチェックボックス」が未選択状態のときに、テーブル内のオブジェクトが1つ以上選択された場合（選択状態と未選択状態が混ざっている場合）は、「一括選択するチェックボックス」を混在選択状態（`mixed=true`)にします。

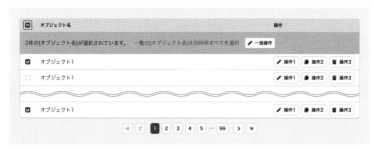

混在選択状態の一括選択するチェックボックス

「一括選択するチェックボックス」の選択状態を解除すると、「わくわくチェック」の選択解除と同様にテーブルのページ送り上も含めたすべての選択状態を解除します。

混在選択状態（`mixed=true`)で「一括選択するチェックボックス」をクリックした場合も同様に、すべての選択状態を解除します。

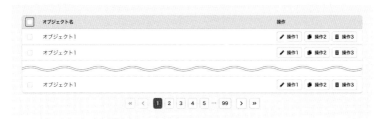

未選択状態のオブジェクトを一括選択するチェックボックス

2. 個別選択するチェックボックス

テーブル内のオブジェクトを個別選択できるチェックボックスです。ページ送りによって他のページに遷移された場合は、選択状態は維持せずにすべてのオブジェクトの選択状態を解除します。

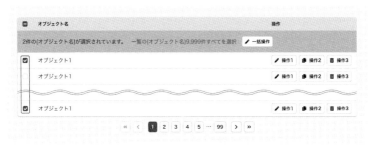

個別選択するチェックボックス

3. テーブル内の一括操作エリア

テーブル内で選択されたオブジェクトに対して一括操作を配置するエリアです。SmartHR UIではこのエリアを「BulkActionRow」と呼んでいます。

一括操作エリアの表示

一括操作エリアは、基本的に「一括選択するチェックボックス」または「個別選択するチェックボックス」が1つ以上選択された際に表示します。

- 一括操作の存在をユーザーにあからじめ認知させたい場合
- 「オブジェクトを選択して(一括)操作すること」が主たる操作である場合

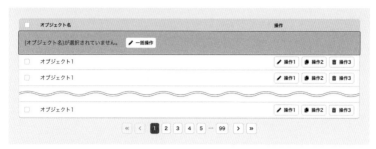

未選択状態の一括操作エリアを常に表示

選択状態の表示

一括操作エリアには、テーブル内でオブジェクトの選択状態を示すテキストを表示します。

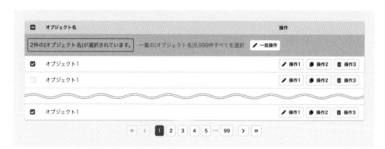

テーブル内の一括操作エリアのオブジェクト選択状態の表示

選択状態のライティングパターン | オブジェクトの選択状態に合わせたライティングパターンは以下のとおりです。

- 句点を省略しないでください
- 件数の単位は、オブジェクトの意味に合わせて「件」「名」「人」などを使用してください

オブジェクトの選択状態	テキストに表示する文言
未選択（常に表示する場合）	「{オブジェクト名}が選択されていません。」
複数選択されている	「{件数}件の{オブジェクト名}が選択されています。」
表示されているものすべてが選択されている	「このページの{オブジェクト名}{件数}件すべてが選択されています。」
テーブルのページ送り上のすべてが選択されている	「一覧の{オブジェクト名}{件数}件すべてが選択されています。」

わくわくチェック（すべてのオブジェクトの選択）

複数のページに分けてオブジェクトを表示する際に、ページの枠を超えてオブジェクトを選択できるUIを「わくわくチェック」と呼んでいます。具体的な動作については、わくわくチェックの動作を参照してください。

一括操作ボタン

一括操作エリア内の要素として、データの削除・一括変更など、選択したオブジェクトを一括で操作するためのボタンを配置できます。

- Buttonや、類似する操作をまとめたDropdownButtonを配置できます
- ユーザーが迷わないよう、配置するボタンは多くても4つ程度とします。多数の操作ができる場合には、アクションの優先度を検討し、優先度が低いアクションは減らしたり、DropdownButtonとしてまとめて配置するなどを検討しましょう

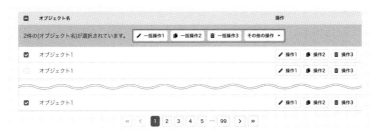

テーブル内の一括操作エリアの一括操作ボタン

一括操作ボタンの例 | 以下に限らず、データの追加・一括変更など、扱う機能やユースケースによって配置できます。

操作名	ボタンのラベル例	役割・動作
オブジェクトへの一括操作	「一括削除」,「一括ダウンロード」	オブジェクトへの一括操作をするためのボタンです。「一括{操作名}」と表記します。クリックすると、多くの場合、操作実行内容の確認ダイアログを表示します。
オブジェクトに関する通知	「通知を一括送信」,「依頼を一括送信」	オブジェクトに関する通知や依頼を対象者に送信するためのボタンです。「{送信対象名}を一括送信」と表記します。クリックすると、多くの場合、送信内容の確認ダイアログを表示します。
タスクとしての一括操作	「一括承認」,「一括確定」,「一括取り消し」,「PDFファイルを一括アップロード」	オブジェクトに対するタスクを実行するためのボタンです。「一括{操作名}」と表記します。一括操作の選択対象と操作対象が異なる場合、「{操作対象オブジェクト名}を一括{操作名}」とし、選択対象に対する操作対象を明示します。クリックすると、多くの場合、操作実行内容の確認ダイアログを表示します。
その他の操作	「その他の操作」	多数の操作ができる場合、一括操作をまとめて配置するために使用するDropdownButtonです。

レイアウト

基本的に「余白の取り方」(3-15-4)に従って配置します。テーブル内の一括操作エリアの要素間の余白は以下のとおりです。

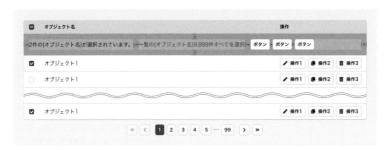

テーブル内の一括操作エリアのレイアウト

わくわくチェックの動作

「わくわくチェック」の動作パターンは次のとおりです。

- すべてのオブジェクトを選択
- すべてのオブジェクトを選択解除

すべてのオブジェクトを選択
件数の表示が難しい場合は、「一覧の{オブジェクト名}すべてを選択」と省略しても構いません。

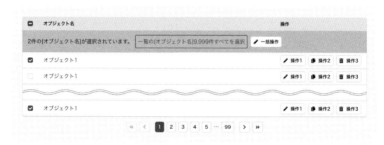

テーブル内の一括操作エリアのわくわくチェック

すべてのオブジェクトを選択解除
「わくわくチェック」のオブジェクト選択中は、ユーザー自身で元の状態に戻せるように、テキストリンクを「選択解除」に置き換え、(ページ送りも含めた)**すべてのオブジェクトの選択状態を解除**できるようにします。

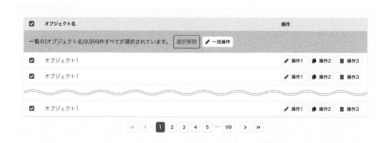

「わくわくチェック」が適用下はテキストリンクが「選択解除」に変化

また、「わくわくチェック」のオブジェクト選択中に、ページ送りによって他の

ページに遷移された場合は、**選択状態は維持せずにすべてのオブジェクトの選択状態を解除する**動作に統一します。

3-15-7 削除ダイアログ
Design Pattern _ Delete Dialogs

削除ダイアログは、ユーザーがデータを消去する操作をしたときに表示します。ユーザーに選択や操作の意志を確認するアクションダイアログの中でも、作業の確認に加え、**警告**を伝える役割を持つ、重要なダイアログです。

SmartHRの実例

基本的な考え方
ユーザーが削除ボタンを押した際に、**ユーザーが意図的に削除をしようとしているかを確認するために**表示します。削除に伴い操作対象としているオブジェクト以外にも変更の影響がある場合には、ユーザーがその影響範囲も理解したうえで削除を判断できるような情報も必ず伝えます。

ライティング
ユーザーに対して、データを永久に消去するなどの破壊的なアクションであることを明確に伝える表現を用います。

構成
ダイアログ内の文言は、以下の要素で構成されています。

1. タイトル
2. 本文
3. アクションボタン

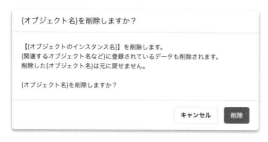

削除ダイアログ

1. タイトル

他のアクションダイアログと異なり、**疑問形**とします。

> 「{オブジェクト名}を削除しますか?」

2. 本文

本文は、3つのセクションから構成されています。

削除ダイアログの本文

A. 削除対象の提示

可能な限り、**対象オブジェクトのインスタンス名を表示**したうえで、本文にも「削除します」という表現を用いて、注意を促します。

- インスタンス名を明示しない場合は、「選択した{オブジェクト名}を削除します。」として構いません。
- オブジェクト詳細画面で削除ボタンを押すなど自明な場合は、「この{オブジェクト名}を削除します。」として構いません。

B. 影響範囲の提示
対象オブジェクトの削除に伴う影響がある場合は、以下の文言を追加します。

どのような影響があるか	追加する文言
マスターやカスタム項目などの削除に伴い、SmartHR内のデータも失われる場合	「{関連するオブジェクト名など}に登録されているデータも削除されます。」
上位オブジェクトの削除に伴い、下位オブジェクトも失われる場合	「{選択したオブジェクトのインスタンス名}に含まれる{オブジェクト名}も削除されます。」
完全削除される場合	「削除した{オブジェクト名}は元に戻せません。」

C. 操作の再確認
Bを追加した場合は、段落を分けて「{オブジェクト名}を削除しますか?」と再度確認を促します。

3. アクションボタン

操作を確定する場合はDangerボタンを使用し、テキストは「削除」とします。操作を取り消すボタンのテキストは、「キャンセル」とします。

3-16 デザインレビュー

Design Review

デザインレビューとは、自分たちが思考しながら作った成果物を評価する、デザインの工程です。UI やグラフィックだけでなく、アウトプットに至った過程や意思決定など、作成過程に生まれたものはすべてレビューの対象になります。品質を保つためにはもちろん、デザインした本人が持たない観点や気づきを得て、より良いものを作るための重要なプロセスです。

レビューは自発的かつカジュアルに実施してよいものであり、デザインシステム上に標準化して用意する必要はありません。レビューを依頼する側 (レビュィー)と依頼されてレビューする側 (レビュワー)が、お互いの役割を明確に理解していれば、フォーマットに従う必要もありません。

レビューに関わる人が多くなるなど、各々の目線を合わせるためにガイドラインが機能するフェーズであれば、デザインシステムへの導入を検討するとよいでしょう。

あると役立つガイドライン

レビューの手引き

そもそもデザインレビューに慣れていない場合、"どういうことを伝えればレビューしやすいのかわからない／どういう観点でレビューが欲しいのかわからない"といった、互いにとって負荷が高い状態に陥ります。レビューの方針が固まっていない中で、違う視点を求めても、意図しないフィードバックが返ってくるだけです。

デザインレビューをどのように実施するのか、社内に決まったスタイルがなく迷う人がいる状態なのであれば、デザインレビューの手引きをまとめてみることをおすすめします。フォーマットに従ってレビューが実施されることで、依頼のスタイルが統一され、レビューがしやすくなります。

一方で、手引きにまとめられた内容がルール化してしまい、その手順が厳格すぎると気軽にレビューを依頼できず、不要なコストがかかることもあります。手引きがなくてもレビュー参加者の目線が合うようになったら、手引きにとらわれず動きやすいようにカスタマイズしていきましょう。

SmartHR でも、デザイナーが毎月のように入社して急増していた時期には、レビュー時の戸惑いが散見されました。そこで、ガイドラインやテンプレートを作成して共有することにしました。意識的にフォーマットに倣って効果的なレビューができるようになったら、ガイドに従う必要はなくなります。あくまで初めてレビューを実施する人が参考にして、レビューの基本を忘れないように公開しているドキュメントであり、テンプレートの使用を強いるものではありません。

レビューの心得

デザインレビューでは、フォーマット以上に、参加者の信頼関係や心理的安全性、意見が出しやすい場づくりが重要です。レビューの心得をまとめておくことで、活発なディスカッションの下地を作ることができるでしょう。

レビューをどう受け止めるかは、個々の判断に委ねられています。デザインレビューは批評に該当するもので、強制力はありません。間違いなく修正しなくてはならないクリティカルな問題は別にして、何をどこまで反映するかはデザイナー本人、そして持ち帰った開発チームで判断されます。ときには深刻に受け止めすぎることや、人の意見に左右されすぎてしまうこともあるかもしれません。デザインレビューは承認のプロセスではありません。多数決を採るなどして思考停止に陥らず、デザイナーが意思を持ってより良いと思えるものに調整することが重要です。

前向きに耳を傾けて冷静な判断を下すためにも、「レビューはレビュイーの考えを否定するものではない」といった前提や心構えを共有しておきましょう。

何のためのレビューか

SmartHR では、デザインレビューのプロセスを経ないと開発を先に進められないわけではありません。ごく当然の修正や細かい調整など、「これでいいだろう」という合意形成ができていて確信を持って進められるケースでは、デザインレビューを挟まずリリースすることも可能です。

なぜレビューが必要かというと、1人の知見を補完し、不安な点があれば解消して、現実と理想を近づけるためです。品質を担保し、不確実性を減らすために行うのがデザインレビューです。

よって、レビューイーは必ず懸念点を明確にし、「特にこの部分をこの人とこの人に見てほしい」と定めたうえで、レビューを依頼します。互いの知見を糧に達成したい目標を、レビュワーが理解することで、適切なレビューが引き出されます。

また、デザインレビューとは別にコードレビューという検証の仕組みがありますが、こちらは2人がチェックして問題がなければコードをマージしてよいという、承認制になっています。デザインレビューも同様に、視点の違う2人以上にレビューを依頼することで、偏りのない成果が期待できるでしょう。

できるだけ多くの意見が欲しいケースもありますが、レビューするメンバーが増えると意見がまとまらず、ひとりひとりに見てもらう時間も減ってしまう傾向にあります。さまざまなスキルや経験値を持ったメンバーがいる中で、何を誰に見てもらうのか、慎重に検討しましょう。

デザインレビューの種類

SmartHR では、大きく分けて 2種類のデザインレビューを行っています。

開発チームで行うデザインレビュー

1つは、開発チーム内で行うプロジェクトレビューです。プロダクト開発にスクラム手法を取り入れているため、スプリントにおける成果物を確認する「スプリントレビュー」というスクラムイベントがあります。ここで、プロダクトマネー

ジャーや UX ライターなど、デザイナー以外の多様な職能のメンバーからデザインレビューをもらうことができます。

場合によっては、開発チームにいないセールスチーム、サポートチームといったユーザーに近い従業員、また実際にプロダクトを使っているお客さまを招いて指摘をもらう機会もあり、精度が高いイベントになっています。

"デザイン"レビューだからデザイナーがやるべきというわけではないのです。

デザイナー同士で行うデザインレビュー

もう1つは、プロダクトデザイングループ内でプロダクトデザイナー同士が実施するレビューです。レビューが欲しい任意のタイミングでチャットツール上で行われるほか、週に2回の定例でデザインレビューを実施しています。それぞれの開発チームで作ったデザインを持ち寄り、他の開発チームのデザイナーから、プロの観点で、デザインの文脈でのレビューをもらうことができます。

別プロダクトといっても同じ SmartHR の製品なので、各々のプロダクトから見てユーザー体験の統一性の気づきを得る貴重な機会になっています。

また、同じく仕事をしている仲間に対して、新規性があるデザインや、話題になっているデザインをレビューさせてほしい、という希望を出すことも稀にあります。自分が関わっていないプロダクトの進捗は俯瞰して見えないので、説明を兼ねた簡易レビューを行うなど、問いかけ、確認し、ときとして評価し合う、情報共有の場としても成り立っています。

コミュニケーションの種類

オンラインが主流となってきた現在では、同期/非同期のコミュニケーションを織り交ぜてデザインレビューを実施する必要があります。

同期で行うデザインレビュー

同期とは、対面やオンラインで行うミーティング形式のレビューです。時間を30分から1時間ほど設けて、その場でぎゅっと詰めて話すので、意見が出や

すいというメリットがあります。他の参加者の意見を受けて自分はこう思ったという創発的な対話になり、普段意見を出さない人にも話を振りやすく、隠れた意見を引き出すことができます。デメリットとしては、予定を合わせて人を揃えるのが難しいこと、即興性から記録に残りづらいこと、また人数が多いと意見を出す人が偏ることなどが挙げられます。

対話をより活発化させるためにファシリテーターの役割も重要です。レビューイーはデザインの説明に労力を使うため、別の人にファシリテーションをお願いしても良いでしょう。

非同期で行うデザインレビュー

非同期とは、リアルタイムの返答を期待せず、Slack などで行うレビューです。時間の制約がなくレビューに出すことができ、書かれたままのテキストが記録に残ることも大きなメリットです。依頼を受ける側が落ち着いて冷静にレビューしやすい反面、強制力が弱いため、タイミングや機動力に依存します。後回しになったり見逃したりする可能性もあるため、早く反応がほしい場合には向いていないでしょう。

普段顔を合わせない他の職能のメンバーに非同期で依頼するのは、ハードルが高く感じるかもしれません。多くの場合、画面やパーツ単体のレビューではなく、操作フローや画面の切り替わりなど、一連の流れを通して追体験してもらう必要があるため、特にデザイナー以外から違和感や率直な感想を引き出すには、なぜ作ったかという背景も含めた、丁重かつ簡潔な説明を添える必要があります。デザインレビューのテンプレートは、非同期においてより活用できるでしょう。

SmartHRの場合

デザインレビューの手引き

レビューを依頼する側、される側、双方の戸惑いを減らすために手引きを用意しましょう。次に示すのは一例です。SmartHRでは、レビューを依頼するためのテンプレートも用意しています。

レビューとは

- レビューはクオリティを高め、レビュー依頼者が気づかないことへの気づきを与えるものです
- レビューは意見の押し付けではなく、ディスカッションです
- レビューはあなたの考えを否定するものではありません

心得

- 相手の時間を使うことを意識して依頼しましょう
- レビューの完了はレビュー依頼者が判断します
- 後出しのフィードバックはレビュー依頼者の負荷につながる可能性があるので、気になることは伝えましょう
- レビューの進行は安易に進めず、フィードバックとその意図などを十分に話し合って進めましょう
- 関係者が納得してから先に進めましょう
- レビュー中に合意形成ができない場合、第三者に意見を求めましょう

レビューの種類と目的

- レビュー依頼者は、レビューで達成したい目的・目標を設定し、レビュアーに明示します
- レビュアーはその目的・目標に沿った成果物・コードを軸に判断し、コメントやアドバイスをします

種類	目的	強制力 ※1	対象
開発プロジェクトレビュー	開発プロジェクト内のレビュー	強強	プロダクトマネージャー,エンジニア,ドメインマスター等
プロダクトデザイングループレビュー	プロダクトデザイナー観点で品質を上げるためのレビュー	柔	プロダクトデザイナー
コンポーネントレビュー ※2	Figmaライブラリとしての利便性・再利用性、実装のことを考えたレビュー	剛	プロダクトデザイナー,エンジニア

※1 フィードバックに対しての対応がどの程度求められるか
※2 現状はSmartHR UIを指す。いずれデザインシステムレビューになる想定

レビューガイドライン

機会によって、目的と得られるフィードバックが違うため、それぞれ定義します。

1. 開発プロジェクトレビュー
2. プロダクトデザイングループレビュー
3. コンポーネント (SmartHR UI)デザインレビュー

1. 開発プロジェクトレビュー | 関わる人数が多く、職能も多様なので、目的・背景・概要・レビューしてほしい点を明確にしましょう。

- 前提としてデザイナー以外の職能によるレビューを想定します
- 仕様やどういったレビューをするか、事前に明示しておきましょう
- レビューテンプレートを元に先行して、依頼をレビューの数日前に送っておきましょう
- Slackスレッド、Jiraのチケット詳細に記述されることが多いことを前提としています
- ツールは問わず、レビューを依頼したい相手の環境に合わせましょう

2. プロダクトデザイングループレビュー | ここでは、一同に会してレビューすることを前提として記載します。フィードバックを得るハードルを下げるため、気軽に声をかけて雑談の延長のようなレビューも取り入れましょう。

- 定例のレビュー会で実施します
- 担当外のプロジェクトのレビューを求められることが多いため、ユーザーストーリーなどの背景、プロダクトに関する説明を用意したうえでレビューを依頼しましょう
- レビューポイントを絞り、要点を噛み砕いて説明しましょう
- 内容が詳細にわかっている場合、テンプレートを元に相談事項を書き、事前に共有しておきましょう
- レビュー会での議論に加えて、Slackのスレッド上にもレビューコメントを書き込んでもらうと記録が残しやすいです

3. コンポーネント（SmartHR UI）デザインレビュー

- Figma上でのレビューを軸とします
- 仕様やレイヤー構造までテンプレートに従って具体的な情報とともに、確認を求めたい点、不安な点を明確に書きます
- レビュー観点から逸れそうな意見も拾うために、例えばSlackのスレッドやFigmaのMemo（注：独自に共用パーツを作成しています）など、書き留める場所を用意しておく
- 完了後のアクションを明確にしましょう
- 意見をもらい、答えは求めすぎないようにしましょう
- 受け身でなく、能動的にフィードバックを受けましょう
- レビュアーは2名以上指定します。2名から承認が得られたら、マージできます

レビューテンプレート

汎用テンプレート

関連リンク

* FigmaやJiraの関連リンクを書く

レビュー概要・背景

（例）

○○がプロジェクトとして進行し、それと連動して○○の画面を○○することになった

レビューの目的

（例）

○○の対応です。○○に○○が操作的に正しいかレビューしてほしい
○○について悩んでいます、その中の○○についてレビューしてもらいたい

レビュー完了条件

通常のレビュー依頼とは違う条件がある場合に書く

（例）

○○さんからレビューでOKをもらったら完了

チーム全員のOKで完了

レビューして欲しい点

(例)

〇〇のライティングの認知負荷的に問題なさそうか？

〇〇の部分がこれでいいのか悩んでいる

バリエーション・追加の状態が必要かどうか？

アクセシビリティの観点から見て問題ないか？

既存システムへ組み込めそうか？

レビューしなくてよい点

明確にこれは除外したい、余計な判断にならないようにしたい場合に記述

(例)

〇〇から以下はスタイルが崩れているが、キャプチャなので除外

〇〇以外は見ないでOK

申し送り

理想値ではない場合、やむを得ない形で提出する場合記述する

(例)

SmartHR UIを使いたかったが、機能的に不足があったので...

類似画面

近しい画面、パーツがある場合は、リンク、または画像を添付する
Figmaのモックアップを使って説明する等

コンポーネントデザインレビュー用テンプレート

関連リンク

* FigmaやJiraの関連リンクがあれば書く

追加したコンポーネント

更新した対象のコンポーネント名を書く。どのような役割かを書くとベター

（例）

forms/TextArea/xxxxx

残り何文字かを表示したテキストと、TextAreaをセットにしたコンポーネント名

コンポーネントの構造

更新した対象コンポーネントのレイヤー構造を書く

（例）

forms/TextArea/xxxxx

text

TextArea

動作仕様

想定している動作仕様を書く。具体的に書けると望ましい

コードレベルでの仕様

（例）

〇〇字以上入力されたら〇〇を赤くする

横幅〇〇px以下になったら〇〇を〇する

Figmaとしての仕様

（例）

〇〇はコンポーネント化して、切り替えられるようにする

〇〇はコンポーネント化しない

チェックしてほしいこと

特にチェックしてほしい点があれば書く

（例）

コンポーネント名の構造的に妥当かどうか

見た目・ラベルに違和感が無いか

状態は〇〇と〇〇

チェックしなくてよいこと

レビュー時に、ここは見なくても良いという点があれば書く

3-17 ユーザビリティテスト

Usability Test

ユーザビリティテストとは

ユーザビリティテストは、ある機能を特定の状況で使うときにユーザビリティ上の問題を確かめるための手法です。具体的には、被験者にタスク（作業課題）を提示して、その操作風景と認知プロセスを観察します。そして、操作の意図やそのときの気持ちをヒアリングします。このテストとヒアリングから得られた操作の失敗や不満の原因を理論的に分析して、ユーザーインターフェースの改善点を明らかにします。

プロダクトデザインは、ユーザーとその使い道を調査し、使い勝手の良いインターフェースを考えることでもあります。この使い勝手が「ユーザビリティ」であり、ユーザーが感じる「わかりやすい」「使いやすい」といった感覚を構成する要素です。ユーザビリティは国際標準化機構の規格（ISO 9241-11）でこのように説明されています。

> 「特定の利用状況」において、「特定のユーザー」によって、ある製品が、「指定された目標」を達成するために用いられる際の、有効さ、効率、ユーザの満足度の度合い。(ISO9241-11)

つまり、単なる使い勝手のことではなく、**誰が**、**どんな状況**で、**ある目的のため**に使用するために最適化されている必要があります。そのうえで、有効さや効率、ユーザーの満足度の度合いといった観点を用いてプロダクトの品質を確かめることが「ユーザビリティテスト」といえるでしょう。

なぜユーザビリティテストを行うのか

プロダクト開発において必須のプロセスではありませんが、リリース前の仮説検証や、リリース後の課題発見などに活用されています。

プロダクトは、必ずしも開発者が想定していたターゲットユーザーだけが使うとは限りません。実際の利用状況はとても複雑です。私たちが向き合っている人事労務の業務に携わる人たちも、会社の規模や業態、ユーザー自身の知識や経験にも違いがあります。開発者だけでは、ユーザーにとって最適な機能を提供できているかを確認できません。実際にインターフェースを操作するユーザーの行動を観察し、声を聞くこと。これらによって初めて、ユーザーが機能に満足しているか、プロダクトがユーザーにとって本当に価値のあるものかどうかを見定めることができます。

SmartHRの場合

SmartHRには、高速で開発しながらプロダクトを評価するプロセスを組み込むことを推進する「ユーザーリサーチ推進室」というチームがあります。推進室は、ユーザーリサーチを専門家だけのものにせず、誰もが実施できる手助けとして、調査の設計や手法のガイドライン化を進め、デザインシステムでドキュメントを公開しており、以下は一例です。

ユーザビリティテストを計画する流れ

ユーザビリティテストの実施が決まったら、以下の流れで準備を進めます。

1. ユーザビリティテストの「目的」を確認する
2. プロダクトを理解する
3. 検証内容を具体化する
4. テストの被験者の条件を検討する
5. テスト設計をする
6. テスト環境を用意する
7. メンバーの役割分担を決める
8. 被験者のリクルーティング、連絡

1. ユーザビリティテストの「目的」を確認する

ユーザビリティテストはユーザーリサーチ手法の1つです。最初に「何を明らかにしたいのか」というリサーチの目的を明確にしたうえで、リサーチ手法を選びましょう。壮大な目的を用意する必要はありません。具体的で明快な目

標を決めましょう。

ユーザビリティテストで、何を観察するためにどんなシナリオとタスクを用意するかを決める前に、まずはテストの目的を確認します。何を検証しようとしているのかを明示しておくことは、テストを実施するメンバー間の認識を揃えるだけでなく、作成したシナリオやタスクを評価する際の判断基準にもなります。

ポイント

- 事前にステークホルダーにヒアリングをして、検証したい内容を明らかにする
- ちょっとした疑問や、開発者が不安視していることを言語化する

2. プロダクトを理解する

ユーザビリティテストの対象となるアプリケーションを理解し、使い勝手を把握しておきます。テストの対象範囲が一部の機能であっても、プロダクトの全体像を理解して備えましょう。

製品要求仕様書は、開発者が想定しているユーザーストーリーや、その機能によって実現したい状態を把握するのに役に立ちます。必要に応じて参照してください。また、「なぜ、このインターフェースにしたのか」といった開発意図を把握できていると、テストでインターフェースの詳細まで検証できます。

3. 検証内容を具体化する

テストで観察したい被験者の具体的な操作・行動を決めます。1で定めた「目的」を果たせる内容にします。「一連の流れで操作を見てみたい」「全体的に操作を見てみたい」といった抽象的な操作感の検証を想定している場合は、検証内容が具体的に絞り込めていない状態といえます。

ポイント

- アプリケーションを操作するうえで、気になるところを洗い出してみる
- タスクにしたときに、3工程くらいに収まる内容にする

4. テストの被験者の条件を検討する

どんな人がテストの被験者として適任であるかを判断するため、条件をまとめます。ユーザビリティテストでは、通常、対象のプロダクトを「使っているユーザー」を被験者に選びますが、重要なのは「テストの目的が達成できるか」です。テストの目的次第では、プロダクトや特定の機能を使ったことがないユーザーに協力を依頼する場合もあります。これらの条件は、被験者のスクリーニング（複数の中から条件に合致する対象を選別する方法）にも役立つので具体的に決めておきます。

ポイント

- 性別・年齢・役職・プロダクトの使用頻度、パソコンやソフトウェア利用の習熟度などの細かい条件を考える
- SmartHRのような業務アプリケーションの場合、従事している会社の従業員規模なども意識する

5. テスト設計をする

当日に使用するテストシナリオをはじめとした、スクリプトを用意します。大きく分けて、テスト実施直前に被験者に対して問いかける簡単な質問「イントロダクション」、被験者がアプリケーションを操作するための仮想の状況設定「シナリオ」、被験者に求める操作を擬似的な仕事として表現した「タスク」を用意します。このプロセスの詳細は、「ユーザビリティテスト設計の観点」を参照してください。

6. テスト環境を用意する

開発の進み具合なども加味して、当日に被験者が操作できるテスト環境を実現できる範囲で検討・準備します。あらかじめ、被験者が操作できる状態をどのように提供するのか、またどのように操作してもらうのかを確認しておきましょう。できる限り、タスクの実施における障害がない環境になるように、以下の点も意識しましょう。

テスト環境ごとの準備時の注意点

- ハイファイモックアップ（デザインツール）

- Figmaなどのデザインツールによるプロトタイプを使う場合、テストの目的が達成できるインタラクションが提供できるか、プロトタイプの画面遷移がおかしくなっていないかを確認しましょう
- ハイファイモックアップ（HTML）
  - データの保持が難しいので簡易的な表示のみになるケースが多いです。実際の動きをどこまで再現できるかは準備次第なので、モックアップの挙動の正しさを確認しましょう
- ステージング環境／開発環境
  - プロダクション環境と同様の状態を模した動作確認用の環境を用いるケースです。SmartHRのReviewApps環境のように制限期間が設けられている場合もあるため、テスト実施日まで環境が維持されていることを確認しましょう
  - 多くの場合、テストが実施できる状態まであらかじめ操作をし、操作用のデータを準備する必要があります
  - また、複数のテストを連続して実施する場合、直前のテストデータが次の被験者のテストに影響がないように、被験者が変わるごとにデータをリセットする必要もあります

テスト環境の提供例
- 被験者のパソコンを使って操作してもらう
  - オンライン会議ツールの画面共有を使って操作の様子を観察する
- オンライン会議ツールのリモートコントロールを用いてファシリテーターのパソコンを操作してもらう
  - ファシリテーターのパソコンは被験者が使用するので、他の操作ができないことに注意してください

7. メンバーの役割分担を決める

円滑にテストを進行するために、あらかじめテスト実施時の役割分担を決めておきます。円滑な進行は、被験者に安心してテストに臨んでもらううえでも重要です。

ユーザビリティテストに必要な役割

役割	説明
テスト設計	テスト設計をメインで作成し、レビューを受けて完成させる
リクルート （被験者の募集・やりとり）	テストに協力してくれる被験者を集めて、当日までに必要な調整する
ファシリテーション	テストの実施を進める役割。テスト設計の担当者が務める
サポート	ファシリテーターが気づいていないことをフォローし、テストを円滑に実施できるように努める
録画	テスト実施後に、振り返りたいポイントを確認するための記録。ファシリテーターが担当する
議事録	テストの振り返りの記録として、テスト中の気づきを記録しておく。担当制ではなく、手が空いている複数名が記録できるとなお良い
社内配信	テストの様子をより多くの人が閲覧できるように配信する。必須ではないが、被験者が対面するテスト実施側の人数を最小限にできるうえに、ユーザビリティテストの社内認知に効果がある

8. 被験者のリクルーティング、連絡

「4. テストの被験者の条件を検討する」の条件を元に、被験者にテストに参加してもらえるかを打診します。協力してもらえる被験者が条件に合致しているかを確認するスクリーニングを行います。テストに参加可能な日程調整ができたら参加決定となります。被験者は、社内外に限らずテストのために時間を捻出しています。被験者の状況を十分配慮して、丁寧な連絡を心がけましょう。

ポイント

- 事前連絡
    - 「ユーザビリティテストの被験者になったら」（P.000）を参照してもらい、当日のイメージを持つことで安心して参加できる状態を作ります。
      また、スムーズに参加してもらうためにオンライン会議ツールのURLや時間も合わせて連絡しておきましょう
- 当日連絡
    - 「ユーザビリティテストの被験者になったら」の中から、当日もスムー

ズに参加してもらうために必要な準備と段取りを再度お伝えしましょう

- 事後連絡
  - 被験者にとって、ユーザビリティテストはプロダクト開発に役立つという実感につながるよう、参考になった部分や開発に活かせそうな部分を、具体的にお礼とともに伝えましょう

ユーザビリティテスト設計の観点

ユーザビリティテスト実施時には、「イントロダクション」→「シナリオ」→「タスク」の順にスクリプトを使用しますが、作成時には逆の順番で設計していくと考えやすいです。スクリプト（テスト当日の進行をまとめた台本）は、被験者がどう受け取るかを考えながら作成しましょう。文章は明確に記載し、誤解を与えないように配慮しましょう。

ユーザビリティテストの構成

ユーザビリティテストのスクリプトは、以下で構成されます。

スクリプト	説明
イントロダクション	テスト実施直前に被験者に対して問いかける簡単な質問
シナリオ	被験者がアプリケーションを操作するための、仮想の状況設定
タスク	観察したい操作・行動を被験者にしてもらうための、擬似的な仕事

タスク作成時の観点

タスクは被験者に特定の操作をしてもらうために指示する文章です。単純に「操作をしてください」では、機械的な作業になってしまいます。被験者が自発的に考えて検証したい操作や行動をするように導くのが、タスクの役割です。

スタートとゴールを決め、主要なタスクに絞り込む | 検証内容をもとに、特定の操作をタスクにしていきます。ゴールに辿り着くまでに必要な操作を、被験者が画面を見ながら考えられる程度の情報量で書きます。

検証内容の一番の関心事は「被験者がタスクを達成できるか」なので、その

様子が観察できるようにスタートとゴールを決め、タスクを全部で3工程くらいに収めます。このとき、どの画面からスタートするかの開始状態と完了状態を必ず決めておきます。使い始める画面を決めておかないと、想定した経路を通らずにゴールに到達してしまう可能性があります。また、ゴール（完了状態）を決めておかないと、タスクが達成できたかの判定がつきません。

ポイント
- 「ボタンを押してください」など、具体的な操作を指示しない
- 実際の業務と同じように、操作に必要な部署や従業員などにも具体的な名前を決めた状態で、擬似的な仕事の指示を作成する

ゴールから遠ざかってしまった場合を想定しておく｜被験者がタスクの完了から遠ざかるような操作もあらかじめ想定し、準備をしておきましょう。テストの離脱とみなす操作を事前に決めておき、そのタイミングでどのようにテスト進行をリカバーするかも考えておきます。

タスクを確認する｜必ず、検証内容が観察できるタスクになっているかを確認しておきましょう。

例1: 従業員情報と部署マスターを予約する
渡された人事情報で予約を登録してください
人事情報は、別紙を参照してください
適用日は10/1にしてください
（補足）別紙にて予約する情報を記載する

例2: 部署マスターの予約に、他の部署の変更を追加する
10/1に部署を新設することになりました
部署マスターに部署を追加してください

シナリオ作成時の観点

シナリオは、被験者に自発的な行動を促すために与える仮想の状況・背景です。実際の業務であれば、利用者には機能を使う具体的な目的があり、自

発的に操作しますが、テストにはありません。被験者が能動的にプロダクトを操作する様子を観察するために、状況設定をシナリオ形式で用意します。

ポイント
- 被験者の立場や日頃の業務を明確にする
- 具体的な状況を想像し、仕事を依頼するときと同様に考える

> あなたは〇〇〇〇会社の人事労務担当者です。
> 社内の人事情報をSmartHRに反映する業務を行っています。
> SmartHRでは事前に人事情報を登録して適用日に反映できるようになりました。
>
> ちょうど上司から「組織の配置変更に合わせて、事前に共有された資料を元に部署、役職などの従業員情報を更新してほしい」と人事情報を渡されました。新しい機能を使って予約を登録してみましょう。

イントロダクション作成時の観点

テストを実施する前に被験者に簡単な質問をしましょう。本題に入る前に中立のトピックで会話をし、安心して話せる信頼関係を築きます (ラポール形成：ラポールとは、お互いを信頼して、安心して自己開示ができる状態のことです)。

被験者が普段どのように機能を使っているかは、本来はスクリーニング時に確認しておくべき内容ですが、テスト前にも会話しておくと、普段の操作とテストのギャップを認識しながら観察できます。

> 従業員情報を未来の日付で更新する場合にどのような作業をされていますか？
> 組織変更によって部署に変更が入ったらどのようにSmartHRに反映しますか？

ユーザビリティテスト計画書

ユーザビリティテストの準備を効率的に進められるテンプレートです。上から順番に埋めていくことで、考えやすい順番で準備を終えられるように並べていますが、必ずしもこの順番に考える必要はありません。

ユーザビリティテストのテンプレート

テスト対象：テストするプロダクト名

例) 申請機能

目的：何のためにテストをするのか？
例) 承認者を部署指定できるようになったので操作をおこなえるか

検証内容：具体的な検証内容は何か？
例) 部署指定を操作できるか、これまでの人指定は同様に使えるか

ターゲット：誰を対象者にするのか？
例) 申請機能を使っているお客様、会社規模1000名を3社、社内から2名

タスク：操作してもらうための擬似的な仕事
例)部署指定を使った副業申請を行えるようにしてください。
タスク1:共通設定 > 申請から経路を新規で登録してください。経路は別紙参照
タスク2:共通設定 > 申請からフォームを新規で登録してください
タスク3:作った副業申請を試してみてください

シナリオ：対象者に操作してもらうための背景
例) あなたは、人事担当者です。社内の申請のフローを管理しています。SmartHR で部署指定ができるようになりました。春の人事異動で副業申請のステップを変更しないといけないので使ってみよう

事前質問：対象者が普段どのように機能を使っているか？
例)
申請の経路設定で異なる部署の人を承認者にしたい場合はどうしていますか？

テスト環境：対象者にどのような設備でテストをしてもらうか？

例）オンライン会議ツールのリモートコントロール機能を有効化して、ファシリテーターのPC画面を操作してもらうようにする

役割分担：誰が何を担当するか？

例）

テスト設計：

リクルート（被験者の募集・やりとり）：

ファシリテーション：

サポート：

録画：

議事録：

社内周知・配信：

ユーザビリティテストの被験者になったら

ユーザビリティテストの被験者に事前連絡するドキュメントです。被験者として参加する際に、事前に知っておいていただきたい5つのことをまとめました。

ユーザビリティテストとは

特定の操作ごとに使い勝手（ユーザビリティ）を確認するテストです。

被験者の方にはシナリオに沿ってタスク（作業課題）に取り組んでもらい、その様子を観察させていただきます。ヒアリングを通してテスト中の行動について確認しながら、操作の失敗や不満の原因を見つけ出し、ユーザーインターフェースの改善点を明らかにします。

テスト実施にあたって知っておいてほしいこと

有意義なテストを実施するために抑えておきたい5つのポイントです。

1. テストされるのは「プロダクト」
2. 思考発話にご協力ください
3. 予習は必要ありません

4. できれば気兼ねなく声を出せる環境から参加してください
5. デスクトップの画面共有をお願いします

1. テストされるのは「プロダクト」

テストされるのは、**プロダクト**です。被験者の方がテストされるわけではありませんので、操作に慣れていなくても問題ありません。操作に迷う場合、プロダクトに原因がある可能性があります。「操作に迷った」「うまく操作できなかった」こととという事実を確認できること自体が、とても有用なフィードバックとなります。

2. 思考発話にご協力ください

実際に画面を見ながら操作するときに、今やろうとしていること・頭の中で考えていること・迷っていることを、できるだけ声に出して話してください。言葉にならない声（「えーっと」や「うーん」や「あれ?」など）も有用なフィードバックになります。動画配信者やレポーターになった気分で、すべてを言葉にしてみてください。独り言でも構いません。あらゆることを声に出してもらえると助かります。

3. 予習は必要ありません

テストの準備として、機能を事前調べたり、わざわざ操作に慣れておく必要はありません。事前知識のない、普段使っているときと近い状態を観察させてください。業務で必要な利用や、情報の閲覧を制限する必要はありません。重要なのは「ありのままの状態を観察させていただくこと」です。

4. できれば気兼ねなく声を出せる環境から参加してください

音声をクリアに記録するため、声を出して話しやすい場所からの参加を推奨しています。場所の確保が難しい場合は、事前に教えていただけるとありがたいです。

5. デスクトップの画面共有をお願いします

被験者の方には、タスク中のデスクトップの画面共有をお願いしています。

ファシリテーションの心得

ユーザビリティテストをテスト設計に沿って円滑に進行し、被験者の心情に配慮しながら気持ちよくテストを受けてもらえるようにサポートするための、ファシリテーションの心得です。多くの場合、被験者とは初対面です。意識的に普段よりも声のトーンを上げて会話して、明るい雰囲気で相手の緊張をほぐし、安心感を与えましょう。

テスト準備中にやること

あらかじめ、被験者に関する情報を知っておくことで、テスト前の事前質問やアイスブレイクに活用し、信頼関係 (ラポール) の構築に役立てます。

被験者がお客様のとき

企業規模、業種、契約プランといった情報だけでなく、過去に要望や問い合わせをいただいている場合には、その内容からどのようにプロダクトを利用しているかを把握しておきましょう。これまでに参加した他のリサーチがあれば、その記録も確認しておくと、アイスブレイクの話題として使いやすいです。

被験者が社員のとき

被験者の自己紹介記事を事前に確認しておきましょう。カスタマーサポートやカスタマーサクセスのメンバーの場合は、ユーザーの困りごとやわかりづらい機能、ユースケースなど、ユーザーに関して事前質問ができるよう、社内のドキュメントやSlackのデスクチャンネルなどを確認しておきましょう。

テスト実施中に気をつけること

被験者が貴重な時間を割いてテストに参加してくれていることを、忘れてはいけません。テストの目的を果たすことも大事ですが、被験者が気持ちよくテストを受けられることも意識しましょう。テスト実施には3ステップあり、それぞれのポイントを説明します。

1. 被験者の入室から始まるまで
2. タスク開始から完了まで
3. 振り返り質問

1. 被験者の入室から始まるまで

「テストを受ける」という状況で、被験者は緊張しています。テストが始まるまでに被験者と会話して、緊張をほぐしていきましょう。ファシリテーターが緊張している場合は、適度に自己開示して、緊張していることを共有するのも有効です。ただし、やりすぎると逆に被験者に不信感を与えてしまいます。

信頼関係（ラポール）を構築する

アイスブレイクや事前質問などは、被験者の緊張を和らげる効果につながります。またテスト中のトラブルがあった場合に円滑にカバーする土壌にもつながります。

一般的には、オープンクエスチョン（はい、いいえで答えられない質問）の質問をすることで発話量が増えます。また、あえてクローズドクエスチョン（はい、いいえで答えられる質問）の質問をすることで、スムーズな受け答えができるように被験者との会話のリズムを掴むことも有効です。

アイスブレイク例：
- 「ユーザビリティテストは初めてですか？」
- 「緊張していますか？」

事前インタビュー例：
- 「どれくらいの頻度で〇〇機能を使っていますか？」
- 「普段の業務では、〇〇機能をどのようなフローで使われていますか？」
- 「〇〇機能で収集した情報をどのように活用していますか？」

録画許可をもらいましょう

オンライン会議ツールを使ってオンラインでテストを実施する場合、被験者から録画と配信の許可をもらう必要があります。許可をもらったあとは、録画ボタンの押し忘れがないように録画が開始したことを確認してから進行しましょう。

2. タスク開始から完了まで

テスト中は被験者が自力でタスク完了できることを第一に考え、基本的に誘導せず、被験者の操作と発言を見守るようにしてください。

被験者を誘導する場合

テスト中の被験者に過度にプレッシャーを与えると、検証したい目的を達成できなかったり、被験者が今後テストにネガティブな印象を抱いてしまうことがあります。以下のような場合には、テストの結果に影響を与えないように配慮しながら被験者が操作しやすいように誘導します。

- 迷っていることが明確で、自力で解決できる様子がなく、タスクが進んでいないとき
- 検証範囲を逸脱して自力で復帰できないとき
- 検証範囲以外で躓いているとき

テストに影響する可能性がある場合の声かけ例

原則として、被験者の質問にはテストに直接影響を与えない範囲で答えます。しかし、上記のように影響する可能性がある状況でもコミュニケーションが必要になる場合があります。対策として、あえて質問に質問で返すことで、被験者の自発的な発話や行動を促すように誘導します。

例：
- 被験者「〇〇の操作はどうやったらできますか？」
- ファシリテーター「被験者さんはどうやったらできると思いますか？」
- 被験者「〇〇を〇〇したらできますかねー？」
- ファシリテーター「被験者さんの思うように操作して大丈夫ですよ」

思考発話を促す

思考発話とは、操作しながらそのときに考えていることを発話することです。被験者は、操作と発言を同時にすることに慣れていないことが多いため、無言になったり、途中で発話が止まることがあります。ファシリテーターは、次のような声がけで思考発話を促してください。

例：

- 「どうかされましたか?」
- 「今何を考えていますか?」
- 「何をしようと思っていますか?」

テスト中に被験者と会話を続けてはいけません

思考発話を促したあとに被験者と会話が続いてしまうことがあります。被験者の操作や思考に影響を与えてしまい、テストが正常に進行できなくなる事態を防ぐために、被験者の自発的な行動を促せるように返答しましょう。

例：

- 「思ったとおりに操作して大丈夫ですよ」
- 「自由に操作してみてください」

3. 振り返り質問

振り返りでは、被験者の行動と思考発話で気になったところを質問することで、被験者の「行動」と「思考」を一致させることが目的になります。

テスト後の被験者の意見にはバイアスがかかります。テスト序盤よりも終盤の印象を元に話したり、無意識的に自分をよく見せる発言をすることがあります。また、テスト結果やプロダクトに満足していなくても、印象が良くみえる発言をしてしまうこともあるのを覚えておきましょう。

振り返りの質問のコツ

被験者の意見はそのまま受け止めず、補足情報と考えましょう。被験者の「行動」を観察し、気になる行動に対して質問します。被験者は答えを持っていません。具体的な改善案は開発チームで考えましょう。

例：

- 「～～～していたときは何を考えていましたか?」
- 「普段からそのような行動をしていますか?」
- 「この機能が使えないと業務ができないですか?　それとも、あれば便利くらいですか?」

返答に対してどれくらいの気持ちなのか聞く

被験者からはさまざまな感想や印象が得られますが、必ず意図を確認しましょう。「使いづらい」という一言でも、「まったく使えない」のか「面倒だけれど使える」のかでは大きな違いがあります。

10点満点中何点かを聞く

点数自体に統計的な意味はもたせていません。「10点に達しなかった理由」を被験者が話しやすくするための質問です。これによりどこに不満を持っているかをはっきりさせ、フィードバックを出しやすくします。

聞くべきではない質問

テスト中の失敗やうまくいかなかったことに対して、原因を被験者に求めるのはやめましょう。原因を考えるのは開発メンバーです。例えば、被験者はよくプロダクト内のテキストを読み飛ばすことがありますが、「なぜ読み飛ばすのか」は聞かず、「そのときの行動に対して何を考えていたか」を確認してヒントを得るだけにとどめましょう。

例：
- 「○○○のテキストを読まずに×××を操作しているようでしたが、そのとき何を考えていましたか?」

新しいタスクをその場で追加しない

検証したいタスクは事前に洗い出してテスト設計時に組み込むようにしてください。なお、テストに必要あればタスクの範囲外のUIや画面も適宜見てもらいましょう。

テスト実施後に気をつけること

被験者に対して

テスト終了後、被験者に参加してくれたことに対してお礼をしましょう。具体的にテストのどの部分が参考になったか、テストを実施したことによってどのような改善や対応につながったかを共有することは、被験者がプロダクトに貢献できたと感じられる、テスト実施側からの重要なフィードバックです。また、テストによって見つかった改善がリリースされたときに連絡することも大

切です。

開発チームに対して

テスト後には、被験者の行動を分析してプロダクトの改善ポイントを決める「トリアージ」を実施します。必ず開発チームと一緒に実施し、被験者がどのように行動したのかの共通認識を作ってください。

3-18 ブランドコンポーネント

Brand Components

ブランドコンポーネントとは

ブランドを形作っていくためには、あらゆるタッチポイントで一貫したブランド体験を提供することが重要です（1-3 誰のためのデザインシステム｜ブランドコミュニケーション参照）。一貫したブランド体験を提供するための仕組みとして、「ブランドコンポーネント」を用意しています。

ブランドの基盤になるものとしては、ロゴ・色といった基本要素が挙げられます。これらの基本要素を踏襲し、ブランドらしい表現をさまざまなタッチポイントに届けられるようにするためのツールキットを、本書では「ブランドコンポーネント」と呼んでいます。具体的には、スライド・動画・アイキャッチテンプレートなどが含まれます。プロダクトのためのUIコンポーネントも対象になりますが、役割が特殊であるため、ここではUIコンポーネント以外について紹介します。

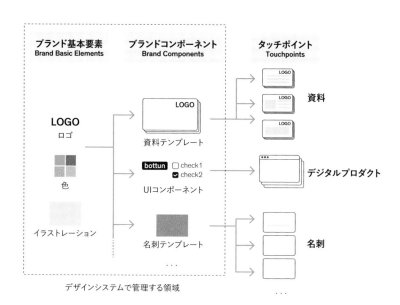

ブランドコンポーネントの役割

ブランドコンポーネントには、業務効率を高めると同時に、ブランドを自然に体現できるようにしていくという役割を持たせています。

ブランドを自然に体現できるようにしていく役割

ブランドコンポーネントは、ブランドらしさを体現していることが重要です。単にロゴを配置するだけではなく、そのブランドらしさが感じられるトーンを意識して作っていきます。

ブランドコンポーネントはブランドの証明となるようなものです。ブランドコンポーネントを利用していくことで、それを目にする人やそれを利用する人の頭の中に「ブランドイメージ」が積み上がり、ブランドへの解像度を高める役割が期待されます。

業務効率を高める役割

ブランドコンポーネントを通してブランドイメージを積み上げていくためには、基本的にあらゆるタッチポイントで利用されている状態を実現しなければなりません（もちろん意図的に振る舞いを変えるタッチポイントもあります）。

ブランドコンポーネントの利用者は、デザイナーに限りません。職種もスキルセットもリテラシーも異なるメンバー全員が利用者であり、いわば組織のインフラのような存在です。そうした多様なメンバーに利用してもらうためには、使うことで業務効率化につながるという実感が大切です。業務効率が向上しなければ、利用する意義をなかなか感じてもらえず、自然と利用されなくなってしまうものでもあります。

２つの役割を両立させるために

間口を広げ、誰もが利用しやすい状態を作れば、それだけ意図していない使われ方をすることもあります。意図しない使われ方に出会ったら、あらたなユースケースとの遭遇であり、ブラッシュアップのチャンスと捉えましょう。そのチャンスを利用し、ブランドにとって最適な方法の検討やブランドコンポーネントの改善につなげることができます。

ただし、ブランドイメージに影響を及ぼすような使われ方をした場合には、異なる対応が必要です。例えば、スライド内で、テンプレートに配置されているロゴに被るように別の画像を配置してしまうケースです。本来ロゴはステークホルダーがブランドを思い出すための鍵であり、ブランドの象徴であり、はっきりとロゴ全体が見える状態を維持したいところです。こういったケースは放置すべきではありません。何もアクションをしないままだと、利用側は「こういう扱い方をしてもよいのだ」という認知をしてしまいます。それを見たステークホルダーにも、同様の認知が広まってしまう懸念があります。そして徐々にブランドの取り扱いが雑になってしまったり、意図しないブランドイメージがついてしまったりといった懸念があります。この懸念は組織外の露出（アウターブランディング）、組織内の露出（インナーブランディング）どちらでも同様です。

しかし、ルールを固めすぎてしまったり、細かな使い方を周知して回ったりするのはおすすめできません。ルールにがんじがらめになってしまうと、「使うのが面倒くさい」というイメージがついてしまいます。それよりも、こまめにコミュニケーションをとりながら、ブランドコンポーネントの役割を理解してもらう活動に注力することをおすすめします。個別の相談を受けた場合も、社内に広く周知をする場合も、使うことのメリットとブランドとしての意義と両方を伝えることが重要です。「便利な道具」の側面のみを認知していれば、利用者も悪気なく粗雑な扱いをしてしまうかもしれません。

ブランドの重要性やブランドにおけるコンポーネントの役割への理解が組織へ広がっていけば、ブランドを大切にすることが当たり前になっていき、強く安定したブランドへつながっていきます。ブランドコンポーネントの利用者も一緒にブランドを作っていく仲間なのです。

ブランドコンポーネントで起きやすい課題と解決策

ブランドコンポーネントは、プロダクトのコンテンツと異なり、利用する人が開発メンバーに限らず多様です。そのためコンテンツを増やしていく際に考えるべきポイントも少し異なります。ここでは、ブランドコンポーネントで起きやすい課題から考慮すべきポイントと解決策を紹介します。

何から着手すべきかわからない

すべてのタッチポイントにブランドコンポーネントを配置できると理想的ですが、初期からその状態を実現することは現実的ではありません。では、どこから作っていくべきでしょうか。まずは多くの人の目に触れるものから作りましょう。その後も目に触れる頻度や機会の多さを基準に優先度をつけて作っていきます。

どこに貯めていくべきか悩む

ブランドコンポーネントとして1箇所に集約すべきか、コンポーネントごとに管理すべきかの2択で悩む場合があるかと思います。あらゆるタッチポイントで利用してもらうことが重要なので、1箇所に集めることにこだわらず、ツールごとに業務の中でアクセスしやすい場所に貯めていくのがおすすめです。具体例としていくつか方法を挙げておきます。

- Slackのカスタムレスポンスに導線を仕込む。
例)「営業資料」と入力するとbotからブランドコンポーネントが反映された営業資料のURLがお知らせされる
  - カラーパレットやスライドテンプレートを会社で配布するパソコンにプリインストールする
  - Figmaライブラリにする
  - 業務でよく使用するマニュアルやドキュメントのページにコンテンツへのリンクを配置しておく

業務の流れを理解し、自然と辿り着けるような導線・保存場所を意識しましょう。業務の流れを理解する最善の方法は現場に直接聞きに行くことです。すでに課題感を持ったメンバーがいれば、最適な方法の提案だけでなく、その後の浸透活動まで一緒に取り組んでくれるかもしれません。

作ったのに使われない

ブランドコンポーネントを用意したのに使ってもらえない。そんな場合には大きく分けて3つの理由が考えられます。

- ブランドコンポーネントの存在を知らない
- 存在は知っているが使い方がわからない
- 使い方も知っているが業務フローと紐付いていないので使うのが面倒くさい

ブランドコンポーネントの存在を知らない

この場合、大切なのは地道な広報活動です。ブランドコンポーネントが用意できたら、必ず浸透のための広報活動をしていきます。Slackなどのチャットツールを使った周知は必須です。チャットツールの使い方で浸透具合が大きく変わるので、いろいろ試してみてください。具体例もいくつか挙げます。

- 投稿が目にとまるように、アイキャッチをつける
- メンバーが通知設定していそうなキーワードを織り交ぜる
- 具体的な使い方や使ったときの効率化をイメージさせるような動画をつける

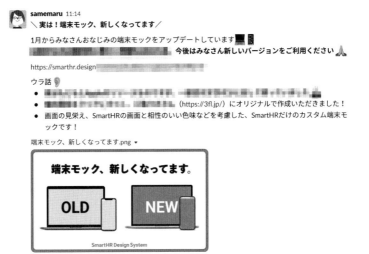

アイキャッチ画像をつけた告知

samemaru 13:44

こんにちは！デザインシステムから2つのお知らせです！

1　＼✂️ **イラストを探す・使うのがラクになりました** ✂️／

- GoogleDriveからしか探せなかった**イラスト**類が、デザインシステムからDLできるようになりました！
- キャラクターの人物像等も記載してるので、参考にしつつどんどん使ってくださいね 👩 👨
- **イラスト**は人物以外も拡充させていく予定です！

DL：https://smarthr.design/employees/download/illustration/smarthr-co/
利用ガイドライン：https://smarthr.design/foundations/basic/illustration/howtouse/
※パスワード：1Password 🔑 「Design System」で検索！

例：Keynoteへのコピペ.mov ▾

便利 22　素敵 14　👏 2　🙆 1　👤 1　😊

使い方の説明動画をつけた告知

samemaru 17:19

＼**機能アイコン使ってね**／

シン・料金プランになりましたね！資料の更新などしていませんか？
先日リニューアルした機能アイコンをぜひご活用ください〜！🙏
https://smarthr.design/basics/icons/

Slack emoji もこっそりリニューアルしています😎

いいね 51　✅ 13　📋 12　📑 14　📊 12　📈 14　🔗 14　📖 11　🖼 13　🏃 8　あざらし 5　オッ 1　いうち 1

「料金プラン」などのキーワードを織り交ぜた告知

チャット以外に、関係者の定例ミーティングへ参加し説明するのもおすすめ
です。利用にあたって不明点があればその場で解消でき、フィードバックも
得やすくなります。

存在は知っているが使い方がわからない

使い方がわからなければ、当然使ってもらえません。そうした人たちをサポー
トする仕組みが必要です。

SmartHRでは、過去にプロダクトの画面のスクリーンショットをパソコンやスマホの画像に合成しイメージ画像を作るためのFigmaを用意したことがあります。併せて、手順を説明する動画を社内へ公開しました。実際に動画もFigma自体もたくさん活用いただいています。これがSmartHR Design Systemに言葉で説明を残すだけにしていたら、あまり使われなかったのではないかと思います。

開発に関わっているメンバーであればFigmaの操作方法を把握していますが、ビジネス側にはFigmaというツール自体に馴染みのないメンバーがたくさんいます。そのため動画ではFigmaの基本的な使い方から解説する内容になっており、動画と同じように画面を動かせば良いようになっています。

使い方を理解してもらううえでは、ブランドコンポーネントを利用する人たちが何を知っていて何を知らないのかを想定しながら説明をする必要があります。また、手段を限らず最適なサポート方法を考えることが大切です。

使い方も知っているが業務フローと紐付いていないので使うのが面倒くさい
存在と使い方を周知しても実際に使ってもらえるとは限りません。しっかり使ってもらえる状態を作るためにはもう一歩、現場へ踏み込む必要があります。

最も有効な方法は現場の人に相談しにいくことです。業務の中に組み込みやすそうなタイミングや方法を探ります。実際の例をもとに詳細に説明していきます。

スライドのテンプレートを刷新したタイミングで、そのテンプレートを持って営業チームに「このテンプレートを普及していくためには何をしたらいいと思いますか?」と相談へ行きました。その際のフィードバックで「基本の営業資料に反映すれば、ほとんどの営業メンバーがその資料を複製して編集しているので自然と普及していくのでは」という意見をもらい、その方法を採用しました。実際に、新しく作成したテンプレートが活用されています。

3-19 スライド・資料

Slides & Documents

スライドは、多くのタッチポイントでさまざまな人の目に触れます。イベント・セミナーでのプレゼンテーションだけではなく、資料全般に用いられるドキュメント形式です。大型イベントでのプレゼンテーションや会社説明、採用デッキなどはデザイナーが作成するケースも多いかもしれませんが、社内のすべてのスライド作成をデザイナーが請け負うのは効率が良いとはいえません。営業やカスタマーサクセスにとってスライドでの資料作成は、顧客コミュニケーションと並ぶ業務の1つです。

利用者や利用シーンが多岐にわたるスライドのカラーテーマやテンプレートの整備は、ブランドコンポーネントの中でも優先度の高いものだといえます。何のガイドラインもない状態で使えば、スライドのアウトプットは千差万別になってしまいます。ブランドとして意図的にアウトプットの質を揃えるためにも、早い段階で組織の標準テンプレートを作成するのがおすすめです。

ここでは、ツールの選定・テンプレートの作り方・運用の3つに分けてスライド資料の考え方を紹介します。

ツールの選定

スライドはさまざまなツールを使って作成できます。PowerPoint、Google Slides、Keynoteなどのプレゼンテーションツール、FigmaやCanvaなどのデザインツール、Miroなどのオンラインホワイトボード、Markdownドキュメントツールなどと多様です。共有や運用コストの面で考えると社内で利用するツールを統一したくなりますが、許容できる場合には限定せずに複数のツールを選択できる状態を作っておくと良いでしょう。例えば、急ぎの資料作成をしなければならないときに不慣れなツールにしかテンプレートが用意されていなかったら、使い慣れたツールでとりあえず作成せざるを得なくなるでしょう。メンバーの行動を制限するのではなく、メンバーが無理せずに自然とブランド表現ができる状態を作ることが大切です。現実的な運用スタイルとしては、

3 デザインシステムに何をどうまとめる?

まずは標準ツールでテンプレートを作成し、必要に合わせてサブツールのテンプレートにも拡張していくのがおすすめです。ツールを選定する際は、コスト・機能・ユーザーリテラシーの観点から総合的に考えるとよいでしょう。

ツールは、全社導入できるものを選ぶのがよいでしょう。コストに配慮して一部メンバーのみにライセンス購入をしている場合や、コスト要因で持続できなくなる懸念がある場合には別のツールを検討したほうが良いかと思います。コストと機能はトレードオフになりやすく、リッチな機能に惹かれ、コストの優先度を下げたくなる場合があるかもしれません。そうした場合には、「必要な機能が何か」を明確にしておくことが重要です。

選択できる日本語フォントや細かなレイアウト調整は、表現の質という観点から条件としてあげられますが、業務で使うことをふまえると「共同編集」は重要な論点です。共同編集を前提に業務フローが確立されている場合、欠かせない機能になるので、共同編集が必要かどうかは事前に現場メンバーと擦り合わせておきましょう。また、多くのメンバーが使い慣れているツールかどうかも重要です。メンバーの経歴やリテラシーを考慮するとよいでしょう。メインユーザー数名ではなく組織全員が使う前提で選定します。開発サイドとビジネスサイドで利用している端末が異なるケースも多いので対応OSについても事前に確認しておきましょう。

SmartHRでは標準ツールにKeynoteを採用しています。初期メンバーがKeynoteを利用していたので社内に普及していたこと、ブランド推奨フォントの游ゴシックを利用できる・リッチな表現も容易なことが主な選定理由でした。

テンプレートの作り方

テンプレートを使えば、意識せずともブランドのらしさを表現した資料を作れます。一方で、テンプレートが適用済みのスライドを使う側は、そのことを意識していません。利用する人たちのモチベーションは「これを使うと資料作成が楽になる」ことです。提供側と利用側の意識に違いはあっても、こうすることでブランドコンポーネントとしてのテンプレートが適用されたスライドが増え、使うことが当たり前の状態を作れます。

まずは、メンバーが困らない最低ラインの規格を揃えるところから始めましょう。既存のテンプレートをカスタムして、カラーテーマを変更する・ロゴと著作権表記を入れる（営業資料の場合には「confidential」も追加しておくとよいでしょう）という2つでも十分です。余裕があれば、スライドレイアウトと図形を定義したようなオブジェクトキットを合わせて、基本のテンプレートを用意しておくと安心です。

スライドレイアウト

スライドレイアウトとは、背景とオブジェクトを組み合わせた配置パターンのことを指します。タイトル・目次・空白ページなどは最低限あるとよいでしょう。

いくつかレイアウトパターンを作る場合には、今まで作成された資料を参考にします。どういうパターンが必要か把握することで、必要なレイアウトのみを作ることができます。スライドレイアウトが増えすぎると迷ってしまい、効率化の効果を感じづらくなってしまう懸念があります。

オブジェクト

オブジェクトとは、テキスト、表、グラフ、図形、メディア（イメージ・オーディオ・ビデオ）などを指します。

それぞれのオブジェクトのスタイルの初期値をある程度設定できますが、まずはテキストとグラフの2つを設定するのをおすすめします。テキストは、フォントを設定することで基本的な印象のコントロールができ、サイズ・色の設定によって読みやすさ・アクセシビリティの向上が望めます。グラフは利用頻度が高く、色の印象に残りやすいので、ブランド表現のタッチポイントとしては抑えておきたいポイントです。

さらに作り込む場合には、使用しているツールにおいてテンプレートがどのような構造になっているかを理解したうえで作成すると、使い勝手や運用のしやすさが上がります。検索するとヘルプページや解説記事が見つかるので、参照しながら構造を理解するとよいでしょう。例えば、Keynoteのテンプレート（テーマ）はスライドレイアウトとオブジェクトから成り立っており、この上に

さらにオブジェクトを配置してスライドを作成します。

Keynoteテーマ選択画面

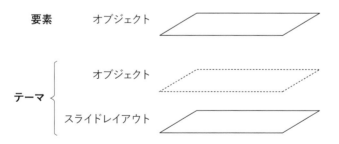

Keynoteの要素の構成

いずれの場合もテンプレートができたら、まずは自分で試したり、簡単な資料作成のユーザーテストを実施したりして、細かな使い勝手を確認しましょう。

運用の心構え

浸透方法についてはブランドコンポーネント (3-18)でも紹介したため、ここでは運用における心構えについて触れたいと思います。

テンプレートをいくら整えても、厳密にすべて守られた状態で使われるとは限りません。利用する人数が増えれば増えるほど、完璧に徹底することが難しくなります。最低限守ってほしいラインとできるだけ守ってほしいラインを決めて、認識を揃えておくと安心です。SmartHRの場合には、アクセシビリティ観点で色が薄い場合や、古いバージョンのロゴが使われている場合には指摘するようにしていますが、他は細かくチェックするようにはしていません。

ここには「ルールが細かくて使うのが面倒くさい」と思われないようにするという以外にも、組織としての文化を大切にしたいという意図があります。SmartHRのバリューの1つである「自律駆動」。ルールでガチガチに縛るのではなく、それぞれの判断を尊重する文化とのバランス感覚を重視し、このような運用方針をあえて選んでいます。

3-20 アクセシビリティ

Accessibility

アクセシビリティとは、情報へのアクセスしやすさを意味し、転じてサービスやプロダクトにおける多様なユーザー、または幅広い利用状況での利用のしやすさを指しています。

サービスやプロダクトは、さまざまな能力を持ったユーザーから利用されます。人によって異なる能力だけでなく、誰でも周囲の状況によって一時的に何かがしづらくなったり、できなくなったりする可能性があります。

アクセシビリティを高めることを「アクセシビリティ対応」と言われたりしますが、アクセシビリティは、障害の有無や利用環境に依らず、皆が使えるようになることを目的に「向上」させるものです。「WCAG（Web Content Accessibility Guidelines）」という国際基準、同様の要求事項を持つ日本産業規格「JIS X 8341-3:2016」などの規範となるガイドラインに「対応」することが本来の目的ではありません。

アクセスできないサービスに価値がないことは明白です。まずは、すでに気を付けていること、実践していることを標準化していきましょう。表明することが、アクセシビリティの確保・向上につながります。

デザインシステムに組み込むメリット

デザインシステムには、意識を揃え、意思決定を早くし、体験を統一するという目的があります。アクセシビリティはいずれにも直結する効果的な指針です。

アクセシビリティの観点で避けるべき表現や、色の組み合わせといった"べからず集"は、基本要素やプロダクトに影響するガイドラインにほかなりません。日頃から何らかのレベルでアクセシビリティに取り組んでいるのであれば、その取り組みを整理し、デザインシステムに組み込むことで、新しく入ったメ

ンバーや制作パートナーにも同じ目線に立ってもらうことができます。

組織の方針としてのアクセシビリティ

プロダクトを多くの人に届けて多くの人に使ってほしいのであれば、アクセシビリティの向上は取り組むべき課題です。必要だと理解はしていても、機能の開発が優先され疎かになるケースは珍しくありません。声を上げて取り組もうとしても、開発組織全体で一定の品質を担保するのが困難であることが多いでしょう。デザインシステムで向かうべき方向を示すことで、モチベーションが行き渡り、全体で意識して徹底することができます。

デザインの道具としてのアクセシビリティ

「1人でも多くの人が使えるものを作る」という意図を持ってデザインする際、アクセシビリティの観点は重要な判断基準の1つとして機能します。デザインにおいて、制約は意思決定の補助として利用されます。アクセシビリティがデザインに多くの制約を課すことは間違いありません。ただ自由度を下げるものと考えるのではなく、デザインする側の迷いを減らし、一定の品質を達成するために役立つ道具とも捉えることができます。

デザインシステムへの組み込み方

すでに取り組んでいるケース

まず取り組めていること、実装で気を付けていること、見落としがちなことを標準化して盛り込みます。このとき必ずしも大項目として設ける必要はなく、色やタイポグラフィといった基本要素のアセットに注意書きとして入れても良いでしょう。ただし、簡易チェックリストのようにまとまったツールとして提供しておくと、誰でも成果物を都度チェックでき、制作パートナーへ依頼する際にもリストに基づいたものをオーダーできるため便利です。

デザインシステム上のコンポーネントや、コンポーネントを組み合わせたアセットも、順次アクセシビリティを高めていきます。よく使われるコンポーネントやアセットがアクセシブルであれば、デザインシステムに則っているだけで、アクセシブルなコンテンツやシステムが制作できるようになります。

ある程度コンポーネントがアクセシブルになり、プロダクトにも影響が出てきたら、WCAGなどの既存のガイドラインを参考に、まだやれていないことを満たしていくとよいでしょう。

これから取り組むケース

まだ個人レベルで習熟度に差があり、これから組織として拡充していく方針であれば、デザインシステムに先に載せてしまってから皆で取り組んでいくこともできます。

開発にあたっては、メンバーへのオンボーディング研修や、障害のある当事者に会うことも重要になってきます。DiscordやSlackのコミュニティを覗いたり、勉強会に参加してみるのもよいでしょう。ウェブアクセシビリティをゼロから学ぶには、書籍から入るのがおすすめです。一通り知識がついてきたら既存のガイドラインを参照し、目指すレベルのあたりをつけます。

基本的な項目の中には、視認性やわかりやすさなど、ユーザビリティの範疇で普段からもうやっていることがあるかもしれません。徐々にレベルアップしていくことを見据えて、すぐにでも実践できることからリストアップしてみましょう。

なぜアクセシビリティに取り組むのか

アクセシビリティをどのレベルまで求めるかは、組織のミッションによってもプロダクトの性質によっても異なります。

SmartHR のメインのプロダクトは業務アプリケーションです。BtoB のシステムであり、企業が導入を決めたら従業員に選択の余地はなく、使わざるを得ません。自分が使いやすいもの、アクセスしやすいものを個人が自由に選べる状況になく、代替手段もありません。こうした特性上、アクセシビリティは取り組まなくてはならない課題です。

業務フローから取りこぼされる人が1人でもいれば企業のコストは跳ね上がり、DX の意味を成しません。会社として"働くすべてのひとを支えるプラット

フォームになる"というミッションを抱えており、自分たちが提供しているシステムを使えない人がいることの重大さを理解しています。

ここまでの必然性や、目指すべき全体品質が高くないケースも多いでしょう。逆に明確なミッションがなく、どこまで対応すれば良いのかわからないといった状態を避けるためにも、方針を定めておくことをおすすめします。アクセシビリティは、ユーザーの権利であると同時に、デザインの道具として利用できる、わかりやすい品質基準の1つです。

ウェブアクセシビリティ簡易チェックリスト

ウェブアクセシビリティを確保・向上させるための簡易チェックリストです。このリストに記載されている項目を満たすと、おおよそSmartHRのウェブアクセシビリティ方針に掲げた品質を達成できます。チェックする内容によっては例外があることがあります。ウェブでは項目ごとの参考リンクが参照できます。

代替テキスト

- ☐ 画像に代替テキストが付与されている
- ☐ 装飾目的の画像が無視できるようになっている
  - ☐ 代替テキストが空で設定されている
  - ☐ または背景画像として表示されている

動画・音声

- ☐ 動画の音声に字幕が付与されている
- ☐ 動画の内容を解説した音声、またはコンテンツがある
- ☐ 音声や動画が自動で再生される場合、一時停止できる
- ☐ 画面内に1秒に3回以上の点滅や閃光を起こすものがない

マークアップ

- ☐ 表が<table>でマークアップされている
- ☐ 見出しが <h1> ~ <h6> でマークアップされている
  - ☐ 見出しレベルが順になっている
- ☐ リストが <ul>、<ol>、<dl>でマークアップされている
- ☐ 見た目の順番とHTMLの順番があっている

- [ ] 空白文字を用いてレイアウトをしていない
- [ ] 同じ id を持つ要素がページ内に複数存在しない

見やすさ、聞きやすさ、区別しやすさ

- [ ] 画面を200%拡大、または文字サイズを2倍に変更しても情報が取得できる
- [ ] 背景色と文字色のコントラスト比が **4.5:1**（大きな文字:18px以上は **3:1**）以上ある
- [ ] 色や、形、音、レイアウト情報のみでコンテンツを説明していない

操作しやすさ

- [ ] キーボードで操作可能
  - [ ] キーボードで選択可能（タブ移動できること）
  - [ ] キーボードで実行可能（Enter や Space などで実行できること）
  - [ ] キーボードで操作していることがわかる（フォーカス状態が見えること）
- [ ] キーボード操作の順序が見た目の順序とあっている
- [ ] コンテンツに制限時間がかけられていない（必須の場合は除く）

ナビゲーション

- [ ] ページの言語が <html> に記載されている
- [ ] ページのタイトルがページの内容を表している
- [ ] リンクのテキストからリンク先が判別できる

フォーム

- [ ] 入力する内容や、操作がラベルとして表示されている
- [ ] 入力エラーを出す場合、エラーの内容が特定できる
- [ ] 入力欄や選択肢を選択、または入力したときに大きな変化を起こさない

参考

WCAG 2.0解説書（https://waic.jp/docs/UNDERSTANDING-WCAG20/Overview.html）
Ameba Accessibility Guidelines（https://a11y-guidelines.ameba.design/）

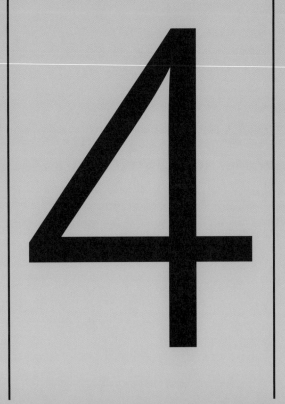

デザインシステムを続けやすくしよう

Making it easier to continue
using the design system

「最小限のガイドラインやライブラリを揃えた
ら、次はどうすればよいのか」「デザインシステ
ムのシステムに必要な仕組みは何か」——ここ
では、デザインシステムのシステム自体の構築
や、デザインシステムを発展させながら運用し
ていくコツを紹介します。

4

デザインシステムをどう続けるか

デザインシステムのコンテンツに正解がないように、デザインシステムの続け方にも正解はありません。コンテンツによっては、頻繁にガイドラインの追加や更新が行われるかもしれません。実際に公開し、利用が循環し始めてから使い勝手に不満が出てくることも少なくありません。システムを構築するツールや共有するサービスといったデジタル環境自体も移ろいやすく、時機をみてリニューアルの必要が生じることも予想されます。

デザインシステムは一度公開して完成ではありません。一方で、デザインシステムの運用に割けるリソースが無限にある訳ではありません。利用され機能し続けるデザインシステムを、効率的に構築するコツを探っていきましょう。

本パートの最後に、デザインシステムの仕組みと並走する、デザインデータ(Figma)の管理・運用の仕組みを示しています。デザインデータの扱い方は組織によって異なりますが、デザインシステムにコンポーネントライブラリを用意する場合は参考にしてみてください。

4-1　デザインシステムの運用

4-2　外部サービスとツール

4-3　デザインシステムのシステム構築

4-4　デザインシステムにおける協業

4-5　校正支援ツール

4-6　デザインデータ

4-1 デザインシステムの運用

Design System Operation

デザインシステムがシステムとして生き続けるためには、プロセスの自動化や運用について考える必要があるでしょう。ガイドラインやコンポーネントライブラリを揃えて終わりではなく、プロダクトやサービスといったデザインシステムのその先に、本来の目的はあります。作成したガイドラインを日々利用し、改善点をガイドラインに反映し、また利用し……と、デザインシステムに終わりはありません。デザインシステムの完成は、スタートラインでもあるのです。

プロセスの自動化

デザインシステムの持続可能性について考え始めると、まずはプロセスの自動化が思い浮かぶことでしょう。

デザインシステムを作るための開発環境をはじめ、コード規約に則った各種チェック (linting)、アクセシビリティのテストや視覚的な差分検知といった回帰テスト、クロスブラウザテストなど、ビルドプロセスの自動化は避けられません。エンジニアの協力は不可欠ですが、フロントエンドエコシステムやサービスの発展もあり、ビルドプロセスの自動化をゼロからすべて自前で構築する必要はありません。もちろん最初からすべてに対応することは強いませんが、必要に応じて対応していかなければ、本来やるべき仕事の時間を失うだけでなく、情報の一元化も達成できなくなるでしょう。作り始める段階から何が必要になるのか見越しておくとよいでしょう。

SmartHR では、Markdown でドキュメントが書けることを軸に技術選定し、linting はプロダクトと同じものを使い、Netlify のビルド結果を CI の一部として利用しています。textlint はライティングパターンの数が増えてきたタイミングで導入を検討しました。視覚的な差分検知は SmartHR UI や SmartHR Patterns といったデザインシステムより小さい単位でそれぞれ Chromatic[*1] などのツールを利用して実施しています。必要に応じてデザインシステムを分割して考えることで、必要なことを必要な場所で小さく行えます。一元化す

る必要があるからと、すべてを同じ場所で行う必要はないのです。

*1 https://www.chromatic.com/

運用の仕方

前述のビルドプロセスをはじめとした開発環境の維持も大切ですが、デザインシステムとして作ったドキュメントを活かし続ける方法もまた同じように大切です。デザインシステムを運用していくための体制整理、オンボーディングドキュメントや各種デザイン活動を補うツールやドキュメントの準備、はたまたデザインシステムの使い方を社内に伝搬させる活動や、ドキュメント化されていないアクセシビリティの考え方を伝える勉強会など、デザインシステムとは直接関係ないことも必要になるかもしれません。

デザイナーやエンジニアにはデザインシステムを作るに至った背景を理解してもらいやすいですが、決裁層やビジネスサイドなど日常的にモノ作りに関わらない方にその必要性を伝えるのは骨の折れる仕事です。しかし、全社で団結して動かなければプロダクトやサービスの成功は望めません。なぜデザインシステムに取り組む必要があるのか、今一度その目的を確認し、最低限デザインシステムのチームメンバーで認識を揃えることが必要です。続けていればいつかその必要性を証明することができるはずです。

4-2 外部サービスとツール

External Services and Tools

ここでは、デザインシステムを構築する際に役立つサービスを紹介します。

デザインシステムとして利用できるサービスの最低限必要な条件は、ドキュメントサイトとして公開できる仕組みを備えていることです。必要なドキュメントを1箇所にまとめて共有できる基本機能があれば、ツールとしての条件は整っていることになります。

さらにシステムとして充実させたいのであれば、UI コンポーネントを取り込めたり、デザインツールと連携したりできる機能が揃ったサービスを選ぶことになります。「なぜデザインシステムが必要なのか」という目的から考えていくと必要なサービスは絞られていくでしょう。

ゼロから自社で構築することを検討している場合も、試しにこうした外部サービスを見比べてみることをおすすめします。それぞれのサービスで展開されているフォーマットを研究したり、公開されている他社のデザインシステムを参照することで、各サービスへの理解が深まるだけでなく、より良いデザインシステムの礎となるアイデアが見つかるかもしれません。

候補となる外部サービス

デザインシステムに特化したツールを利用する

まず候補となるのは、zeroheight や Frontify といった、デザインシステムを立ち上げるためのプラットフォームです。これらはテクニカルな知識が必要とされず、Figma や Sketch といったデザインツールと連携できるため、デザイナーにとって導入の敷居が低い簡便なツールといえるでしょう。すでにデザインツールとして InVision を採用しているのであれば Design System Manager (DSM)の利用がスムーズです。

UI デザインツールを利用する

UI デザインツールである Figma や Sketch 自体でも、デザインシステムの構築・管理が可能です。カラーアセットなどの連携を念頭に置くと、すでに採用しているデザインツールは有望な選択肢といえます。Adobe XD なども同様でしょう。また、こうしたデザイン環境で作成したデータを開発環境に引き継ぐ、ハンドオフツール Zeplin も、デザインやコンポーネントの一括管理に向いています。

なお、この本の執筆時点では、過去の資産を活かす必要があるなどの特別な理由がない限り、デザインツールは共有がしやすい Figma を使うことを推奨しています。デザイントークンを管理するツールなど、プラグインを使うことでより目的に合致した使い方ができるかもしれません。

UI コンポーネント管理ツールを利用する

UI コンポーネントを管理する Storybook も、ドキュメントを構築・公開するための機能が揃っており、デザインシステムとして機能します。こちらはコードベースのツールのためエンジニア主導になりますが、デザインシステム自体のデザインを考える必要がなく、メンテナンスコストを抑えた形で利用できるでしょう。

その他のコラボレーションツールを利用する

UI デザインに限らずチームで活用できる Notion、Whimsical、Miro といったコラボレーションツールも、必要なドキュメントを集約・整理・共有することができます。Notion ではデザインシステムを作るためのテンプレートが無料で用意されており、より手軽に始めることができます。

適合するサービスの選び方

SmartHR の場合、デザインシステムはフルスクラッチで構築されています。当初は Frontify や zeroheight などのプラットフォーム上に構築しようと試みましたが、実際運用してみると共同 (同時) 編集に適していなかったり、SmartHR UI の実装コードとの連携がサポートされておらず、実装コードをマスターとする考えを持つSmartHRでは、適していないことに気づきました。

このように、デザイン組織や会社の文化によって適合するサービスは変わります。デザインシステムの運用において、エンジニアリングの知識のないデザイナーが主体になるのであれば、デザインツールそのものや、デザインツールとの連携機能のある外部サービスを選択することになるでしょう。逆にエンジニアリングに力点を置くのであれば、Storybook の利用をはじめ、フルスクラッチで作ることも視野に入るかもしれません。

ただし、一度作ったものは、デザインシステムという特性上「その先もずっと運用し続ける必要がある」ため、本当にフルスクラッチで作る必要があるのかどうか、よくよく検討する必要があるでしょう。また、一度外部サービスを使い始めてしまうと、他サービスへの移行やオリジナルで構築する際の移行ハードルが高くなります。デザインシステムに掲載するコンテンツをエクスポートできるかどうか、そのデータは使い回しやすい形式かどうかなど、移行性も大事な選定基準かもしれません。

他社がどのようなサービスを使っているか、またはオリジナルで作っているかは、公開されているデザインシステムの体裁や URL、コードである程度判別することができます。考え方や作り方を公開している企業もありますので、ぜひ検索してたくさんの事例に触れてみてください。

外部サービスを利用するメリット/デメリット

外部サービスでデザインシステムを作る一番の利点は、フルスクラッチでイチから作るより低コストである点です。デザインシステムに割けるリソースが限られているのであれば、既存のサービスを使ったほうがずっと簡単に、デザインシステムを形にすることができます。

デザインシステムはあくまで主体ではなく、自社のプロダクトやサービスを育てるためのインフラのようなものです。適した人材や工数のバランス配分を見誤り、デザインシステムを作ることが目的になってしまうと本末転倒です。特にデザインシステムが希求される最初のフェーズでは、内容の豊かさや見栄えにこだわるより、速やかに公開できて更新しやすいことを重視すべきでしょう。

一方で、外部サービスを利用すると、機能にないことやできないことへの不

満が出てくることがあります。任意の URL が指定できなかったり、サービスのアカウントがないとレビューできなかったり、ひとつひとつは些細なことかもしれませんが、オリジナルで作れば解決できることでもあります。

SmartHR では、デザインシステムをフルスクラッチで開発したことで、社内的にはメリットが増しました。社内で最も使われている Markdown フォーマットで書けて、SmartHR 用の textlint（文章校正）を適用でき、GitHub 上で開発ができることでエンジニアを中心にさまざまな職種の人を執筆に巻き込んで、統一されたドキュメントを作ることができるようになりました。

デザインシステムは一度作れば完成するものではありません。組織やプロダクトの成長とともに、デザインシステムの仕組み自体も見直して然るべきです。本項で名前を挙げた外部サービスはごく一部ですが、これらも経時的に変化していくでしょう。いろいろな仕組みを試して、そのときどきで最適なシステムを見出してください。

4-3 デザインシステムのシステム構築

System Construction of Design System

デザインシステムは、前項で挙げた zeroheight などの外部サービスを使って構築する例が少なくありません。外部サービスは汎化されて誰でも使いやすい分、柔軟に実装できない場合がほとんどです。画面UI などのデザインデータ共有を主目的としたデザインシステムであれば、外部サービスで十分ですが、デザインシステムをプロダクトのコードと連携させたい場合など、複雑な実装が必要な場合は、外部サービスは適しません。

SmartHR では、プロダクトデザイングループ主導で、組織に合わせたシステムをフルスクラッチで作ることで、エンジニアがコミットしやすいデザインシステムを作りました。なるべく自動でデザインシステムに情報が集約される仕組みを構築し、エラーやトラブルを1つずつ解消しながらマニュアルを整備しています。

ここで紹介するのは、エンジニアリングへの一定の理解を前提に成り立つ構築例となります。

オリジナルで作るデザインシステム

外部サービスの課題感

外部サービスを利用するメリットは、デザインシステムの立ち上がりが早いことです。手早くコンテンツを作って公開すること自体に利があるフェーズでは、既存のサービスが役立ちます。または、Figma のデザインデータや画像を掲載する目的であれば、どのフェーズでも十分機能するといえます。

当初 SmartHR では、半年ほど zeroheight を使ってデザインシステムを運用していました。しかし、運用を続ける中で、大きく2つの課題に直面しました。

1つ目は、コードを組み込む形で SmartHR UI コンポーネントを表示できな

かったこと。当時の zeroheight では Sketch 上のコンポーネントをページ上に表示し、連携する機能は提供されていましたが、コンポーネントのコードをページに直接組み込んで表示する機能はありませんでした。「プロダクト」のデザインシステムとして機能させるために、中間成果物の画像ではなく、実際にプロダクトで動作するコードと同じものを掲載したいと考えていたメンバーからすると、不満な点でした。

2つ目は、文書を書いてから公開する間のレビューや議論をシステム内で完結できず、明確な履歴を残せないこと。zeroheight には後述する GitHub のようなコメント機能や提案機能はなく、レビューをするためには zeroheight 用のアカウントを追加で発行する手間がかかりました。また、ドキュメントの履歴機能も不十分でした。

他にもマッチしない点はありましたが、大きくこれら2つの理由から、デザインシステムを全社で運用していきたい自分たちの体制には、既存の外部サービスは適合しませんでした。これらの課題は、システムをフルスクラッチで開発することで解決に至ります。

技術構成

まず、デザインシステムのコンテンツ管理には、Markdown と GitHub を採用しました。Markdown の拡張フォーマットである MDX を採用することで、React（リアクト）コンポーネントである SmartHR UI コンポーネントを、Markdown ファイルに直接コーディングできます。また、GitHub 上で Markdown ファイルを管理することで、レビュー時のコメントや変更履歴を管理できるようにしています。

ウェブサイトの開発フレームワークには、Gatsby[*1]を採択しました。Gatsby は React を使用して、静的サイトやブログを作成するための JavaScript フレームワークです。Gatsby を使用することで、React を使ったウェブサイトを素早く構築できます。

Gatsby は、Markdown ファイルからウェブサイトのコンテンツを生成できます。Markdown を使用することで、HTML を書くよりも簡単にコンテンツを

作成できます。また、コンテンツのホスティングには Netlify[2] を採用しており、GitHub と連携してシームレスにドキュメントをデプロイすることも可能です。

*1 https://www.gatsbyjs.com/
*2 https://www.netlify.com/

これらのフレームワークやサービスをデザインシステムの技術スタックに採択することで、プロダクト開発と同じように、プルリクエストによるコンテンツのレビューが可能になりました。Markdown で書いたドキュメントに対して GitHub 上でレビューをもらいつつ、メンバーで品質を保証しながらコンテンツを公開できるフローを構築しました。

このように、事前にデータを記述した静的なデータを元に、JavaScript を使い API を通じて動的なコンテンツを扱うウェブアプリケーション・ウェブサイトのアーキテクチャを Jamstack といいます。

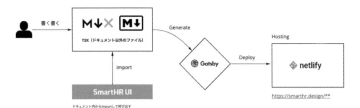

初期の技術構成の検討メモ

なお、zeroheight からフルスクラッチなシステムへの移行作業として、zeroheight で書いたドキュメントの Markdown 化と、Markdown 化したドキュメントの新環境への移行作業が発生しました。zeroheight 上で管理していたドキュメントが少なかったため、1ヶ月半ほどの期間ですべてのコンテンツを移管できました。最初にできたデザインシステムは、今よりずっと質素で簡

潔なドキュメントサイトでした。

SmartHR の特異な要素として、エンジニアに限らず全従業員が基本的に Markdown で執筆できます。会社の方針として社内ドキュメントを Markdown で管理しているからです。一般的なドキュメントを執筆するために Markdown を用いるのであれば、頻出する記法は見出しやリストの指定などに限られるため、すべての関係者が扱えるように後援するのは現実的な施策といえます。一方 GitHub はエンジニアが使うサービスで、馴染みがないデザイナーやライターも多いですが、SmartHR では、運用ドキュメントやオンボーディングを整備して、エンジニア以外の職種でも GitHub を使えるようカバーしています。

ライティングガイドラインの連携

その後、SmartHR における UX ライティンググループの成長をふまえて、ライティングガイドラインをデザインシステムに掲載することになりました。ライティングのルールや用字用語を管理するために、Airtable[3] というデータベースサービスを使っています。現在のコンテンツ管理の仕組みは、下記の図のように拡張されています。

*3 https://www.airtable.com/

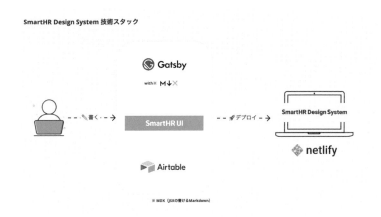

現在のコンテンツ管理の仕組み

Airtable で管理しているライティングのルールを、サイトのビルド時に Airtable の API 経由で取得し、デザインシステムに掲載できる仕組みです。また、Airtable では用字用語も管理しており、textlint[*4] (テキストデータの校正ツール)のルールと一元化されています。

*4 https://textlint.github.io/

SmartHR UI コンポーネントとの連携

SmartHR のデザインシステムでは、デザインシステムに組み込んだ SmartHR UI コンポーネントの Props (コンポーネントのプロパティ)も、デプロイ時に自動的に更新される仕組みを構築しています。常に最新の Props が掲載されているので、エンジニアやデザイナーは安心してデザインシステムの情報に従ってコンポーネントを使うことができます。zeroheight でデザインシステムを運用していたときは、SmartHR UI の更新にデザインシステムが追いつけず、Props の情報が古くなってしまう課題がありました。Props 情報の自動更新によって、人の手によるメンテナンスコストも大幅に下がりました。

Propsの表の更新が連携している

また、Storybook も埋め込めるので、デザインデータを表示するための作業が一切ありません。デザインシステムに SmartHR UI コンポーネントやデザインデータを連携したことで、実際に動くコードを表示できるとともに、プロダクトと差異のないデザインデータを表示できるメリットがあります。

注力したいところに注力できるシステムづくり

SmartHR のデザインシステムは、デザイナーやエンジニア、UX ライターが本当に注力するべき点に注力できるシステムを目指しています。そのためには、二重管理をせず、データベースやコンポーネントと連携して、情報の一貫性を保つシステムが必要です。また、各データとの連携時に人の手を挟まずに更新できる仕組みを構築することによって、Single source of truthを実現しやすくできます。

4-4 デザインシステムにおける協業

Collaboration in Design System

ここまでデザインシステムを構築する方法を取り上げてきましたが、すべてを組織の中だけで完結させる必要はありません。デザインシステムの開発基盤づくりは、開発会社などとの協業によって成り立たせることもできます。

通常「デザインシステム」と呼ばれるものは、ドキュメントサイトなどのメディア、コンテンツを格納して公開する場や仕組みです。メディアをどう作るかは手段であって、目的ではありません。デザインシステムの中身を考えたい人が、システムを成り立たせることに手間をかけなくてはいけなかったり、専門外の障壁に気をとられるようであれば、迷わず他者を頼るべきでしょう。

デザインシステムの成長段階にもよりますが、デザインシステムを作ることが目的化してしまわないよう、外部サービスとツール (4-2)で紹介したようなツールやサービスを利用したり、得意な人に頼ったり、そうしたより良い手段を考えるグラデーションの1つに「協業」があります。

皆が使えるシステムづくり

求められるわかりやすさ

デザインシステムの規模はフェーズによって変わります。最初はGoogleDocsにまとめるところからスタートするかもしれません。SmartHRでも、いくつかの利用サービスの変遷を経て、独自に構築した経緯があります。基本的には自分たちで内容の検討からコードの実装まで行っていました。

SmartHRでは、次第に掲載するコンテンツが増え、階層が深くなっていくにつれ、影響が多岐にわたり、求められる期待値も大きくなっていきました。プロダクト開発に向けた領域以外の、ブランドコミュニケーションに関するガイドラインやアセットの場合は特に、デザインシステム上に掲載されているだけでは、浸透・活用の難しさに直面しました。デザインシステムを利用して

ほしい対象が広がることで、機能面の拡充に加え、使い方のオンボーディングまで含めた利活用の促進が急務となりました。

システムのリニューアル

多様なツールを複雑に見せず、直感的にわかりやすい・自分にとって価値のある情報だと感じさせるためには、これまでとは別のアプローチが必要です。デザインシステムの成長を受けて、予算もつき、サイトリニューアルを行うことになりました。目指すべきは、入り口にサマリー要素を加えた、読む前からメリットがわかるドキュメントサイトへの再構築です。

リニューアルしたSmartHR Design Systemのトップページ

SmartHRでは、このタイミングで、一緒に推し進めてくれるプロフェッショナルと協業体制を作りました。目指すべきリニューアルには工数がかかり、日常の企画運営が滞らないようにする必要があります。また、こういうものにしたいという要件は定義できるものの、デザインシステムとしてどう実装すべきかというところから相談できる心強いパートナーが欲しいと考えたのです。

リニューアル後の改善や定常運用化まで視野に入れ、リニューアル後の改善や定常運用化まで視野に入れ、外注ではなく協働チームとして、フロントエンド開発に特化した株式会社ピクセルグリッドさんにご協力いただいています。技術力の高さはもちろん、Jamstackに強く、組織としての思考や価値観を理解し、課題感にコミットしてくださることが選定の理由です。

協業でできるようになったこと

協業体制に移行したことで、メディアを構築するという手段の負荷が劇的に減りました。これまでデザインシステムが乗るシステムを作ることそのものに時間を使っていましたが、その部分の労力は体感8割減といったところでしょうか。

そもそもSmartHRには、デザインシステムのコンテンツを作成する専任の部署やチームはありません。メンバーを固めてしまうと新陳代謝が行われないため、必要な人、やりたい人、ピンポイントで何かを思いついた人、いろいろな部署のメンバーが柔軟性を持った形で参加する、半ば有志が運用に関するSlackチャンネルで相談しながら、運営しています。このSlackには、協業パートナーの株式会社ピクセルグリッドさんも常駐してくれています。

メディアに特化したより知見のある方々と組むことで、社内のリソースを過度に構築作業に奪われることなく、デザインシステムのコンテンツそのものに時間を使うことができるようになります。中身ではなく手段の部分を適切に協業することで、運用がより円滑になり、より広く展開でき、改善スピードが増します。SmartHRのデザインシステムは、収録されるガイドラインもバラエティに富んできました。同時に、更新に関わる人と利用者も増えています。こうした状況下で、更新のしやすさと利用のしやすさの向上に関して課題ベースで相談をして、技術的な解決を導いてもらっています。

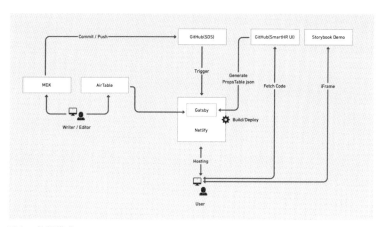

現在の技術構成

これからシステム自体の構築のあり方を検討したい、また協業を検討したいというケースでは、デザインシステムの目的とその手段を分けて考えながら、それが両立できる座組みを模索しましょう。

つまり、システムは要件によってどうあるべきか千差万別であり、そこで必要な手段は状況によって異なります。そして常に継続した運用体制も必須です。また、どんなシステムがよいのかをすべて外部に依存してしまうと目的と手段が噛み合わなくなってしまうことも多々あります。

自分たちの必要としているシステムがどんなもので、それを実現するための手段とそれを継続的に運用していくための媒体はどう作られるべきか、またそれを実現するための運営体制はどんなものがよいのかを検討することが重要です。

4-5 校正支援ツール

Text Proofreading Support Tool

「textlint」という、Markdownファイルやプログラムのソースコードといった
テキストデータを、ルールに沿って自動でチェックできるツールがあります。
「lint」とは、プログラムのソースコードを解析し、問題点を指摘してくれるツー
ルを指す言葉で、その考え方を人間が読み書きする言語に応用したものが
textlintです。

デザインシステムにおいては、プロダクト上の文章を書く際に用いる文字や語
(用字用語)を統一し、一定のルールに沿ったものに校正するために利用します。
本項では、textlintの概要と、エンジニア以外、特にUXライターが中心となっ
てプロダクトへ導入していく流れを説明します。

用字用語と校正

デザインシステムの「用字用語」は、他のデザインシステム内のコンテンツと
は少し異なります。デザインシステム内のコンテンツは、基本的には「ガイド
ライン」であり、一律に守るべきルールではありません。しかし、用字用語は
「正誤」がはっきりとわかる、ルールに近い性質を持ちます。用字用語を運営
するには、文章をルールに沿って「校正」できる体制を整える必要があります。

一般的に、「校正」という言葉自体は、印刷物の文章に対して使われてきまし
た。しかし、デザインシステムの用字用語が定義する文章は、印刷物の文章
だけではありません。デジタルなソフトウェア上の文章も、もちろん対象です。
ボタンの意味を伝える説明文や、操作に失敗した原因を示すエラーメッセー
ジなど、プロダクト上にも校正すべき文章は数多く登場します。

用字用語に沿ってプロダクトの文章を校正するうえで、最も大きな課題とな
るのは「校正体制のスケール」です。用字用語が整備され、社内で活用され
始めると、用字用語に関わる人が増えていきます。プロダクトのさまざまなシー
ンで使える用字用語が、さまざまなメンバーによって追加されていくようにな

ります。しかし、用字用語に沿っているかの校正を人間の手で行う場合、その作業効率には限界があります。用字用語の内容が増えるにつれ、プロダクト開発に関わるメンバーが、用字用語をもとにプロダクト上の文章をチェックし、校正することが難しくなります。

また、用字用語の内容が増えることによるコストだけでなく、利用者の増加によるコストもあります。誰もが文章を正確にくまなくチェックできるわけではありませんし、その時間がない場合もあります。

確認コストの増加を気にすることなく新しい用字用語を追加し続けていくためには、人間の手に頼らない校正の仕組みが必要です。用字用語に沿うべきドキュメントやプロダクト上の文章など、テキストデータに対する校正を効率化することが求められます。そんな「校正体制のスケール」における課題を、「校正の自動化」によって解決に導いてくれるのがtextlintです。

textlintとは

textlintは、azu（@azu_re）氏によって開発されているオープンソースソフトウェアで、npm（パッケージ管理システム）の週間ダウンロード数は4万回を超えており、開発者から広く支持されています。

実際にtextlintでテキストデータを校正してみたところです。ひらがなのほうが読みやすい語句や、「することができる」といった冗長な表現などを検知し、適切な表現を提案してくれています。校正をツールに委ねることで、ルールの増加による校正コストを抑えつつ、書き手によらない文章の品質担保が可能になります。

```
/Users/ibuki.maruyama/dev/design-system-book/docs/04_system/04_textlint.md
   9:22   ✓ error  ひらがなで表記したほうが読みやすい形式名詞：上 ⇒ うえ
ja-engineering-paper/ja-hiragana-keishikimeishi
   9:25   ✓ error  ひらがなで表記したほうが読みやすい副詞："最も" ⇒ "もっとも"
ja-engineering-paper/ja-hiragana-fukushi
  17:217  ✓ error  原則として、全角文字と半角文字の間にスペースを入れます。
ja-spacing/ja-space-between-half-and-full-width
  17:218  ✓ error  原則として、全角文字と半角文字の間にスペースを入れます。
ja-spacing/ja-space-between-half-and-full-width
  19:48   ✓ error  【dict2】"することができる"は冗長な表現です。"することが"を省き簡潔な表現にすると文章が明瞭になります。
解説：https://github.com/textlint-ja/textlint-rule-ja-no-redundant-expression#dict2  ja-technical-writing/ja-no-redundant-expre
ssion
```

textlintによる校正

textlintで利用できるルールはプラグイン形式となっており、校正したい文章

に合わせて適用するルールを選択できます。数多くのルールがオープンソースで公開されており、例えば下記のようなルールがあります。

- textlint-rule-ja-no-redundant-expression：「することができる」など、冗長な表現をチェックするルール
- textlint-rule-no-doubled-joshi：1つの文中に同じ助詞が連続していないかをチェックするルール
- textlint-rule-no-dropping-the-ra：「ら抜き言葉」をチェックするルール

また、ルールは自分で作ることも可能です。ルールの作成は既存のルールを利用するよりも少し難易度が上がりますが、デザインシステムの用字用語の運用を効率化するには、自分で作るルールが重要になります。用字用語に沿わない表現を検知できるルールを作成することで、用字用語の校正を自動化できるからです。

textlint でプロダクトを校正する

デザインシステムのシステムとしてtextlintを活用し、プロダクト上の文言を自動で校正する体制は、以下の流れで構築していきます。

1. 独自に定義するルールの作成
2. 適用するルールの選定
3. プロダクトへの導入
4. ルールの運用

1. 独自に定義するルールの作成

前述の通り、textlintでは既存のルールだけでなく、自分でルールを作成できます。特に、デザインシステムの用字用語に沿っているかどうかをチェックするには、用字用語に基づいたルールの作成が必須です。不適切な用法をパターンで記述し、文中にないかをチェックできる`textlint-rule-prh`を使って、独自のルールを定義します。

`textlint-rule-prh`では、不適切な用法をパターンで検知できるととも

に、不適切である理由を表示できます。下記のファイルは、SmartHRが運用しているルールを記述したファイルの内容を一部抜粋したものです。

```
rules:
    - expected: など$1
      pattern:
          - /(?<!同)等([をのが、])/
      prh: >-
          平仮名にしたほうが読みやすい漢字は平仮名にする
              https://smarthr.design/products/contents/
writing-style/
    - expected: スマートフォン
      pattern:
          - スマートホン
          - スマフォ
          - スマホ
      prh: >-
          「スマートフォン」と表現し、「スマホ」などの表現は控える
              https://smarthr.design/products/writing/
idiomatic-usage/usage/
      specs:
          - from: スマートホン
            to: スマートフォン
          - from: スマフォ
            to: スマートフォン
          - from: スマホ
            to: スマートフォン
```

用字用語のメンテナンスは、用字用語の対象である媒体で文章を書く人全員が参加すべきです。よって、用字用語に基づいたtextlintルールのメンテナンスフローは、エンジニアに限らず他職種への配慮も必要です。エンジニア以外がルールの整備に参加しようとするときに最も大きな障壁となるのが、正規表現の記述です。

正規表現とは、文字列内の文字の組み合わせを検知するためのパターンで、「?!」や「|」といった記号を用いて文字列のパターンを表現できます。正規表現の記法は奥深く、すべてを扱えるようになるのは難しいです。ただ、用字用語に沿っているかをチェックするルールを定義するだけであれば、難しい書き方を覚える必要はありません。次表の記法が使えれば十分なケースがほとんどです。簡単な勉強会を開いて、正規表現によるルール追加の勘所を

抑えてもらうといいでしょう。

正規表現	意味	パターン	検知する文字列
AAA|BBB|CCC	|で区切った文字列のいずれか1つ	りんご|みかん|バナナ	りんご or みかん or バナナ
[ABC]	[]内のいずれか1文字	[山川海]	山 or 川 or 海
(AAA)	()内の文字列をグルーピング	(HH)時(MM)分	
$1,$2,,,	()でグルーピングした文字列を、順に取り出す	$1時$2分	
?<!	文字列の直前に、?<!で指定した表現がある場合を除く（否定後読み）	(?<!相撲)取り	「取り」は検知し、「相撲取り」は検知しない
?!	文字列の直後に、?!で指定した表現がある場合を除く（否定先読み）	腕(?!相撲)	「腕」は検知し、「腕相撲」は検知しない

上記の表現を使って実際にルールを作成する流れを説明します。ここでは、助詞の「等」をひらがなの「など」に校正するルールを作成します。

expectedには、「こうあってほしい」語句を記載します。ここでは、「など」であってほしいので、などとします。patternには、検知したい語句を記載します。ここでは、「等」を検知したいので、等とします。

```
- expected: など
  pattern:
    - 等
```

このままでは「同等」が誤検知されてしまうので、?<!を使って、「等」の前に「同」がある場合は検知しないようパターンから除外します。また、正規表現は/で囲みます。

```
- expected: など
  pattern:
    - /(?<!同)等/
```

「等分」「等しい」といった語句も誤検知されてしまいます。検知したいのは助

詞の「等」なので、[ ]を使って、後ろに「を」「の」「が」「、」が続く場合のみ検知するようにします。

```
- expected: など
  pattern:
    - /(?<!同)等[をのが、]/
```

「等を」「等の」「等が」「等、」を検知できるようになりましたが、expectedが「など」のままです。このままでは、すべて「など」で校正されてしまいます。「等」に続く助動詞や読点に合わせて校正できるよう、文字を( )でグルーピングし、$1で取り出します。

```
- expected: など$1
  pattern:
    - /(?<!)等([をのが、])/
```

このように、誤検知するパターンや活用などに気をつけて、正規表現を記述していきます。

ルールの作成に使用する正規表現だけでなく、ルールの記述に使うツールそのものも障壁になりえます。エンジニア以外もルールを追加しやすいワークフローの整備が必要です。例えば、ルールを記述するファイルのバージョン管理に使うGitやGitHubは、エンジニア以外にはあまりなじみがないツールであり、学習コストがかかります。SmartHRでは、データベースサービスのAirtableとGitHubを連携し、スプレッドシートを編集する感覚でtextlintのルールを追加できるようにしています。用字用語とtextlintルールの管理をAirtableに一元化することで、二重管理を防げるメリットもあります。

2. 適用するルールの選定

用字用語をもとに作成したルールだけでなく、外部のルールで利用できそうなものを選定します。先ほど紹介したtextlint-rule-ja-no-redundant-expressionなど、用字用語以外の「文章をわかりやすくする」ルールを取り入れます。独自に定義したルールと逆のルールが定義されている場合などは、必要に応じて外部のルールを無効化します。

3. プロダクトへの導入

textlintはデフォルトではMarkdownファイルとプレーンテキストにのみ対応しており、JavaScriptやRubyなどで書かれたソースコードはチェックできません。ソースコードに対応させるには、`textlint-plugin-jsx`や`textlint-plugin-ruby`といったプラグインを利用する必要があります。また、開発基盤にCI/CDが導入されていれば、CI/CDにtextlintを導入して、プロダクトのコードを変更した際にチェックできるようにします。

プロダクトへのtextlint導入は、エンジニアの協力が必須です。プロダクト上の既存の文言にも影響を及ぼすため、校正が不要な箇所や、すぐに変更できない箇所でtextlintを無視する方法を事前に共有しておくと、スムーズに導入できます。

4. ルールの運用

動詞の活用など、検知すべき語句のパターンはある程度想定・調査できます。しかし、実際にCI/CDへの導入が完了し、プロダクト開発の現場で使われ始めると、誤検知が発生することがあります。エンジニアから誤検知を報告してもらい、ルールをブラッシュアップしていきます。

「SmartHRらしい」文章を、誰もが効率よく書ける世界を目指して

現在SmartHRでは、textlintがほとんどすべての開発チームで利用されており、なくてはならない存在になりつつあります。また、エンジニアのみならず、サポートやマーケティング部門のメンバーからもtextlintによる校正を試したいという声があがっています。「SmartHRらしい」文章を、誰もが効率よく書ける状態を目指して、開発チーム以外の領域でtextlintを活用できる仕組みづくりに取り掛かっています。

具体的には、用字用語とルールの整理です。プロダクトで利用される文章と、セールスやマーケティングで利用される文章は、当然異なります。例えば、プロダクトであれば「利用できる」と簡潔に書くべき文章が、セールスの資料なら「ご利用いただける」として、丁寧な印象を与えたい場面があるかもしれ

ません。利用される文章が異なれば、それを校正するためのtextlintのルールも異なります。つまり、textlintが利用されるシーンに合った、きめ細かい「オーダーメイド」なルールを提供する必要があります。

きめ細かいルールを提供するために、逆説的ですが、まずルールの一元化を進めています。当初SmartHRのtextlintは、複数の外部ルールと独自のルールを組み合わせてデザインシステムの用字用語をカバーする運用でした。外部ルールを利用すると自分でルールを作成する必要がないので、素早く運用を立ち上げることができます。しかし、デザインシステムの用字用語にあったルールが、どこで定義されているのか見えづらいという課題がありました。また、プロダクトやマーケティングといった「利用シーン」でルールが分かれていないため、利用シーンに合ったルールを提供できませんでした。

そこで、まず用字用語で定義されている用例を、できるだけ外部ルールではなく独自のルールで定義し、ルールの一元化を進めることにしました。用字用語とtextlintの関係の見通しを良くすることで、利用シーンに合わせたルールの細分化も進めやすくなります。きめ細かいルールを提供するためには、用字用語の用例がどんなシーンで利用されているかの見極めや、用字用語で定義しきれない部門特有の言い回しのルール化など、やるべきことは山積みです。1つずつ取り組んでいき、textlintの利用シーン拡大を目指しています。

また、textlintの利用シーン拡大には、そもそもtextlintの認知拡大が欠かせません。SmartHRでは、textlintで文章を校正できるSlackのチャットボットを開発し、さまざまな部門にtextlintを利用してもらう取り組みがありました。いきなりtextlintを導入してもらおうとするのではなく、できることから小さく始めることが大切です。

［終了しました］Slackbotで簡単に「textlint」が使えるようになりました！｜SmartHRオープン社内報
https://shanaiho.smarthr.co.jp/n/nac8f7107c813

textlintを使うと、デザインシステムの用字用語に沿った「そのプロダクトらしい」文章を、誰でも簡単に書くことができます。「SmartHRらしい」文章を書くためのルールはオープンソースで公開しており、誰でも利用できます。

https://github.com/kufu/textlint-rule-preset-smarthr

4-6 デザインデータ

Design Data

ここでは、デジタルプロダクト開発におけるデザインデータの扱いについて説明します。デザインデータとは、Figmaなどのデザインツールで作成した画面やUIのことです。デザインデータの作り方を標準化し、共通のコンポーネントライブラリを活用することで、プロダクトデザイナーに限らず、プロダクトのインターフェースを設計できるようになります。

デザインデータは手段としての中間成果物にほかなりません。ユーザーの元に届いて機能するものではなく、デザインとエンジニアリングをつなぐ開発用の"カンニングペーパー"のようなものです。開発を円滑に進めるためのコミュニケーション手段として捉え、作成者が本質的ではない部分に囚われたり迷ったりしないことが重要です。

SmartHR Design Systemでは、このためのデザインデータ作成時のルール、また変更をライブラリに適用する手順をドキュメントとして公開しています。

Figmaの導入

Figmaの特徴

Figmaは、ウェブサイトやアプリケーションのインターフェースを設計するために用いられるデザインツールです。SketchやAdobe XDといった同種のUIデザインツールがいくつかある中で、Figmaが特に優れているのはコラボレーション性です。

ウェブ開発やアプリケーション開発では、画面やUIのデザインをデザイナーが作成し、エンジニアに共有します。デザインデータを設計図として、それをもとに実装が行われる流れが一般的です。Figmaでは、1つの画面を複数のデザイナーが同時に編集したり、あるいはエンジニアが参照したり、チームで議論したりといったコラボレーションの動作がすべてブラウザ上で完結し

ます。

加えて、Figmaで作成する画面やUIは、実際のCSSやHTMLの構造やプロパ
ティに合わせて設計しやすく、コードベースの形式に変換して表示することも
できます。このように、デザインデータをエンジニアが認識しやすい形式で
提示することで、余計なコミュニケーションコストがかかりづらいのも特徴の
1つです。

一方で、Adobe PhotoshopやAdobe Illustratorのような、細やかなアピアラ
ンスの管理やグラフィックの作り込みはできません。モックアップやプロトタ
イプをクイックに作るためのツールといえるでしょう。

Figmaへの移行（SmartHRの場合）

SmartHRでは、元々はデザインツールとしてSketchとAbstract、InVisionを
組み合わせて使用するチームが多数でした。Sketchはローカルでデザイン
データを編集するツールなので、複数のデザイナーやUXライターが作業する
場合、Sketchファイルのバージョン管理のためにAbstract上にアップロード
し、他のメンバーはそれを取り込んでから編集する必要がありました。さら
に、インターフェースをブラウザ上で確認するためにInVision上にアップロー
ドし、プロダクトマネージャーをはじめ開発チームに共有して修正が入ると、
Sketchに戻って作業し直す必要がありました。

このように、ツール同士の連携機能は高いものの、デザインから共有までの
タイムラグがプロダクト開発のスピード感に直結し、ボトルネックになりやす
いという課題がありました。

Figmaを採用すれば、別のツールを介することもファイルのバージョン管理の
必要もなく、デザイナー以外の職種であっても容易にデザインに参加できま
す。誰でもアクセスできて、作業しやすい状態を作り出し、これまでのコラ
ボレーション上の課題をまるごと解決できるのが、Figmaの革新的なところで
した。先行して部分的に導入していた開発チームが社内にあり、コンポーネ
ントライブラリを作りかけていたことから、Figmaへの切り替えを決めました。

移行にあたり注意したこと

現在（2023年執筆時点）、世界のプロダクトデザイナーが使うツールの中で、UIデザインツールとしてのシェアをみると、ほとんどFigma一強といえます。UIデザインツールとしては後発であるものの、機能性、インフラ、開発速度、パフォーマンスなどの観点でFigmaが選ばれている状況です。

確かにFigmaは便利ですが、グラフィカルなインターフェースで、特殊な操作や機能が多く、誰でもすぐに慣れて使えるようになるツールではありません。コラボレーションに優れているとはいえ、デザイナー以外の職種が積極的に利用したり、慣れ親しんだデザインツールから切り替えたりするのには二の足を踏むケースもあるでしょう。

SmartHRでは、開発に関わるあらゆるメンバーがFigmaを利用するためのガイドをデザインシステムに載せています。また、具体的な使い方はレクチャーする必要があろうということで、「FigmaでSmartHR UIを意のままに操るワークショップ」というオンボーディング用のイベントを開催しています。チュートリアルに倣って1時間ほど実際に操作をしていくことで、基本的／特徴的な使い方とともに、Figmaのコンポーネントライブラリ「SmartHR UI」の使い方も体得できるプログラムです。

さらに、「デザインデータの作り方」とは別に「Figmaの利用方法」という社員向けの運用ガイドラインを公開しています。ここには、Figmaのアカウントを発行する社内申請のワークフロー、インストールする方法、インストールしたあとの使い方やサポート体制などがまとめられています。利用上のルールとして、「守ってほしいルール」と「推奨ルール」を記載していますが、ルールはそれぞれ1つずつしかありません。ここに書いてある以上の縛りはなく、それぞれのチームの判断で使いやすいように使ってくださいというメッセージにもなっています。

こうしたガイドラインをデザインシステムに載せることによって、「そもそもFigmaって何？ どう使うの？ 自分に使えるの？」といった不安や迷いを解決する1つの手段になっています。使い方の啓蒙や周知の手間を惜しまなければ、移行自体の技術的なハードルは低く、スムーズに行えるはずです。

デザインデータを管理・運用する

デザインデータは、顧客に届けるプロダクトの品質を担保するための中間成果物として、開発者に意図が伝われば十分であり、それ以上にコストをかける必要はありません。また、すでに開発者の間で共通認識ができているインターフェースについては、共通化されたコンポーネントライブラリを構築することで、デザインデータを効率よく作成できるようになります。

SmartHR UI

「SmartHR UI」は、中間成果物をクイックに作るために欠かせないコンポーネントライブラリです。このライブラリは社内のすべてのプロダクトにおいて使われるもので、デザインシステムの一部として管理しています。また、Figmaコミュニティに一般公開することで、外部のパートナーも制作に取り入れられるものとして提供しています。

コンポーネントとは、「Button」や「Dialog」などインターフェース上で使う部品(3-13)です。Figmaの1つのファイルとして作成されている「SmartHR UI」を開くと、それぞれのコンポーネントがカタログのように並んでいます。ライブラリとしてチームに公開し、Figmaの別のファイル内で複製して使えるよう定義してあります。

SmartHR UIのコンポーネント

プロダクトの開発はチームごとに行われます。開発中のインターフェースをデザインしている作業ファイルからこのライブラリを参照することで、配置したいコンポーネントを自由に呼び出し、組み合わせたりテキストを変えたりなどして画面のデザインを決定していくことができるようになっています。

SmartHR UIのコンポーネントを組み合わせて配置したレイアウト例

「デザインデータの作り方」として公開しているドキュメントは、コンポーネントを利用した中間成果物を作る際のルールではなく、あくまで共通のコンポーネントそのものの設計ルールです。

冒頭に書いてあるのは「実装を意識してコンポーネントを設計してほしい」というメッセージです。基本的には実装に従って、プロパティの命名規則やコンポーネントの中の作りまで揃えています。Figmaの「SmartHR UI」ライブラリとは別に、同名のReactコンポーネントを運用しており、その実装を正としてFigma上で再現しているという位置づけになっています。

例えば「Button」という1つの実装には、色やサイズ、マウスオーバーしている状態やローディングしている状態など、さまざまなプロパティが存在します。「Button」がどういうプロパティを持っているかは、Reactコンポーネントの実装を確認し、これと同じ値を選択し再現できるようFigmaのコンポーネントプロパティやバリアントで制御しています。

ブランチ運用

「デザインデータの作り方」とセットで公開しているのが、「デザインデータの更新をライブラリに適用する手順」です。これは、組織全体で利用しているライブラリを守るためのルールにもなっています。

Reactで実装されたコンポーネントが更新されると、編集権限のある特定のメンバーがアップデートをキャッチアップして、毎週設定してある作業時間でFigmaに適用します。このとき誰でも編集・更新ができてしまうと、すべてのプロダクトに意図しない影響が及ぶ懸念があるため、ライブラリを保護する

目的でFigmaの「ブランチ」という機能を使っています。

複数のプロダクト、複数の開発チームで同じライブラリを利用していると、あるプロダクトでは正しい更新でも、他のプロダクトで取り入れたら不整合が出たというような事故が起こりえます。ブランチを切って編集・レビューを経て適用・公開されるフローを徹底することで、これを防ぐことができます。この手順では必ずプロダクトデザイナーの目が入るようになっているため、影響範囲に注意しながらマージし、他のチームやプロダクトでも安心して更新を取り込むことができるようになりました。

また、更新した内容を一律で社内外に向けて発信することで、編集したままチームに公開し忘れたり意図が不明な更新が残っていたりということがなくなり、保守しやすくなりました。こうして、ライブラリそのものは社内で安全に管理されています。

影響範囲の測定

影響範囲を測る方法として、Figmaのデザインシステムアナリティクス（ライブラリ分析）で、ライブラリが組織の中でどう利用されているかを分析することができます。この機能を使って、どのコンポーネントがどれくらい呼び出され、どこで使われているかといった影響範囲を事前に測ることができます。既存のコンポーネントを修正するか、新しく作り直すかの決断もしやすくなり、まったく使われていないものはライブラリから削除するといった判断基準にもなります。

例えば「Button」のように、すでに多くのファイルで利用されているコンポーネントに対して破壊的な変更があった場合、どうしても影響範囲が大きくなってしまいます。それをそのまま更新し公開してしまうと、すでに取り込まれているレイアウトが崩れてしまったり、意図しないデザイン変更となり開発者に混乱を与えたりする原因になります。これを改変するときは、一度ライブラリから削除して新しく作り直すことをしています。Figmaでは、削除されてもコンポーネントのインスタンス（コンポーネントから複製されたもの）は維持されます。ファイル上では新旧混在することになりますが、改変したいコンポーネントを削除して新しく作るという発想で、破壊的な変更を回避しています。

デザインとエンジニアリングは不可分である

Figmaを使ったデザインデータの運用は、まさにデザインシステムのあり方と並走する、開発スピードを落とさずにシームレスに更新・反映するための仕組みといえます。プロダクト開発全体の生産性を向上するためのデザインシステムであると位置づけたとき、デザインはデザイナーだけのものではなく、デザインツールもデザイナーだけのものではありません。

Figmaであるということが重要なのではなく、デザインとエンジニアリングは不可分であることを前提に、コミュニケーション手段の延長として皆が使える「道具」を作る。非デザイナーでもデザインの意思決定を素早くできるように「パターン」を用意する。概念や手順を定義して迷わせず、本質的な議論に導くこうした取り組みが、デザインシステムを作り上げています。

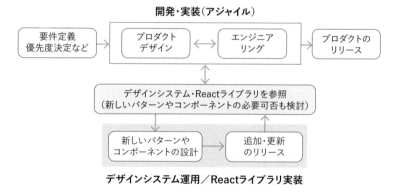

デザインシステムの更新プロセスとプロダクト開発の関係

デザインシステムの正解は1つじゃない

There is more than one correct
answer to design systems

「皆がそれぞれ、どのような考えで、どのよう
なデザインシステムを作っているのか知りた
い」——ここでは、SmartHRとはユーザー層も
事業も異なる、各種企業・組織のデザインシス
テムの取り組みについて、質問別に紹介します。

会社の数だけある、デザインシステムのあり方

これまでは、SmartHRを実例として、デザインシステムの始め方、そして作り方と続け方について説明してきました。しかし、「1-1 デザインシステムとは」でも触れたとおり、組織や事業の数だけデザインシステムがあります。そこで、各種企業・組織におけるデザインシステムの取り組みについてヒアリングを行い、貴重な声を寄せていただきました。

質問一覧

Q-1 「なぜデザインシステムを作ろうと思ったのか」、きっかけを教えてください

Q-2 それはいつ頃で、当時の会社の規模はどれくらいでしたか?

Q-3 当時「デザインシステムを作って、達成したい」と考えていたのは、どんな課題でしたか?

Q-4 デザインシステム立ち上げ期のメンバーの構成を教えてください

Q-5 リリース初期に用意した中身はどんなものでしたか?（構成など）

Q-6 立ち上げ期に参考にしたデザインシステムはなんですか?

Q-7 御社のデザインシステムの名前を教えてください

Q-8 御社のデザインシステムの適用範囲について教えてください

Q-9 今現在、デザインシステムに携わっているメンバーの構成を教えてください

Q-10 今のデザインシステムの内容を教えてください

Q-11 ツールは何を使っていますか?

Q-12 どんなときにデザインシステムに追加/更新/削除をしていますか?

Q-13 御社のデザインシステムの優れているところ、推しポイントを教えてください

Q-14 デザインシステムが「役立っているなぁ」と感じる瞬間を教えてください

Q-15 デザインシステムが使われている状態にするために、また社内で浸透するために工夫している・意識していることはありますか?

Q-16 デザインシステムに関して、今は実現できていないけれど、これからやりたいと思っていることはありますか?

Q-17 1年前のデザインシステムが抱えてた課題はなんですか?

Q-18 今のデザインシステムについての課題を教えてください

Q-19 デザイン原則は必須だと思いますか?

Q-20 コンポーネント集は必須だと思いますか?

Q-21 今、気になっているデザインシステムがあったら教えてください

5-1　となりのデザインシステム

Design Systems of Other Businesses

貴重な意見を寄せてくださった企業・組織

株式会社スマートバンク

「誰もが日々お金を使っているのに、ほとんどの人がそれを正しく把握できていない」そんな課題を解決するために、「家計簿アプリ」と「Visaプリペイドカード」がセットになった家計簿プリカ B/43（ビーヨンサン）というサービスを提供しています。金融のサービスは、これまでのセオリーに従って作ると複雑になりがちです。スマートバンクは、その複雑さを減らして、ふつうの人が使いやすい一貫性のあるプロダクトをスピーディーに提供するために、デザインシステムを作成しています。

公益社団法人
2025年日本国際博覧会協会

公益社団法人2025年日本国際博覧会協会では、2025年日本国際博覧会（大阪・関西万博）に活用するための「EXPO 2025 Design System」を策定しました。このデザインシステムは、万博のさまざまなインターフェースを統一し、アナログ・デジタルの境界線を超えて一貫した体験を提供することを目的としています。EXPO 2025 Design Systemの提供する体験を通じ、万博がより多くの人々に愛されるものになることを願っています。

クックパッド株式会社

Apronは、クックパッドのレシピサービスのデザインシステムです（一部クックパッドマート含む）。Apronの特色は、料理の会社ならではのルールが記載されています。例えば「楽しい。ケの日のデザイン」というコンセプトをもとに、料理が美味しく見えるカラーリングや家庭的な料理を表現するための写真のライティングの定義。また料理を楽しみにするためのモーションなどもあります。社内で広く利用するために、CSSやReact・FigmaComporentLibraryがあります。

Ubie株式会社

Ubieは「テクノロジーで人々を適切な医療に案内する」をミッションに掲げ、医師とエンジニアが2017年5月に創業したヘルステックスタートアップです。AIをコア技術とし、症状から適切な医療へと案内する「症状検索エンジン ユビー」や医療現場の業務効率化を図る「ユビー AI問診」などを開発・提供しています。誰もが自分に合った医療にアクセスできる社会づくりを進めています。Ubieでは「Ubie Vitals」というデザインシステムを開発・運用しています。このデザインシステムは「ユビーらしいプロダクトデザインを支える集合知、アイデアを具現化する手助けをするもの」として作られ、日々のプロダクト開発を支えています。

デジタル庁

デジタル庁では、より良い行政サービスの提供のため、デザインシステムの構築に取り組んでいます。誰もが利用できること（アクセシビリティ）、使いやすいこと（ユーザビリティ）の検討には、多くの時間と労力が必要です。効率的なデザイン検討を実現することで、利用者の課題の理解やサービスの改善のための時間を増やすことを目指しています。

GMOペパボ株式会社

ペパボの「Inhouse」は、ホスティングやECなど私たちが展開している複数の事業・ブランドで共通基盤として使えるようなデザインシステムです。各事業部がデザインをしていくうえで重複しがちな要素をInhouseで用意しておくことでリソースを削減し、デザイナーの生産性が向上する仕組みにしています。UIコンポーネントなどプロダクトデザインの領域だけでなく、Webデザインやコミュニケーションデザインまでカバーしているのも特徴です。

Yahoo! JAPAN デザイン推進部

「Riff Design System」は、Yahoo! JAPANの「UIデザイン品質向上」、「UIデザイン業務効率化」を目的として開発されたプロダクト横断のデザインシステムです。Riffを使用することで、誰でも簡単にYahoo! JAPANらしい高品質なデザインを構築することができます。

Yahoo! JAPAN DATA SOLUTION事業

「DATA SOLUTION DESIGN SYSTEM」は、データ可視化・活用ツールに特化したパッケージ型のデザインライブラリとブランドアセット・ガイドラインで構成されています。デザインライブラリはvue.js上で動くシステムを提供しており、各部門のデータ可視化・活用ツールなどの複雑なデータビジュアライズに関するUIや、汎用的なコンポーネントを一括で改修できる特徴を持っています。またブランドアセット・ガイドラインはロゴや汎用ドキュメントをはじめ、開発以外の担当者もデザインシステムが利用できるようなプラットフォームを提供しています。

株式会社CyberAgent Ameba事業本部

「Spindle（スピンドル）」は、"Amebaらしさ"を一貫してユーザーに届けるための仕組みです。"Amebaらしさ"がユーザーに届き、共感が生まれることで、サービスの信頼へとつながります。Amebaのブランドコンセプト、"生きたコンテンツをつむぐ"を実行するために、Spindleを軸にして"Amebaらしさ"をつくります。

株式会社AbemaTV

ABEMA のデザインシステム「Conte」は、ABEMAのサービスやプロダクトを作るうえでデザインされていないものをデザインするための仕組みおよび活動の名称です。デザイナーやプロダクトマネージャー、エンジニアそれぞれ個人の能力の限界がデザインの限界にしないことをポリシーに作られています。プロダクトビジョン、デザイン原則、用語などの共通言語、ツーリングによるオペレーション効率化、処理シーケンスやアクセシビリティなどの実装ガイダンスなどにより専門知見がなくてもプロダクトを何度もリデザインできることを目指して日々サービスに関わる多くの人により更新されています。

freee株式会社

freeeは「スモールビジネスを、世界の主役に。」をミッション、「だれもが自由に経営できる統合型経営プラットフォーム。」をビジョンとして掲げ、スモールビジネスのための、会計や人事労務をはじめとするバックオフィス業務を統合するプラットフォームとして、SaaSプロダクトを開発しています。ミッション・ビジョンの実現のためには、ただ業務を遂行できるアプリケーションという枠を超えた、革新的な価値を持つプロダクトを生み出していかなければなりません。そしてプロダクトを通して、ユーザーとなる皆さんにfreeeというブランドを伝えていく必要があります。そんなプロダクトを、高い品質で、可能な限りスピードを上げて大きく開発していくために、デザインシステムの構築が必要となりました。

atama plus株式会社

「教育に、人に、社会に、次の可能性を。」をミッションに、テクノロジーを活用して「基礎学力」の習得にかかる時間を短くし、「社会でいきる力」を養う時間を増やすことを目指しています。現在は、教育を一人ひとりに最適化するAI教材「atama＋」を提供しています。atama plusのデザインシステム「uniform」は、全員で一貫性のあるプロダクトを作るために存在しています。uniformが目指す提供価値は、「ユーザーに一貫した印象と体験により、atama＋を信頼してもらうこと」、「atama＋の開発者の意思決定速度と精度が向上し、コラボレーションが促進されること」です。

合同会社DMM.com

DMM.comは60以上の事業部があり、多くのサービスを提供しています。認証・会員・決済など、共通するシステムを提供するプラットフォーム事業本部（以下PF）では、モノレポによるフロントエンドエコシステムを開発していて、その一環としてTurtleを提供しています。PFでは、サービス間の一貫性のなさや品質のバラツキが問題でした。Turtleは、利用するだけでそれらを解決できることを意識して開発され、さまざまなサービスに適応されることが特徴的で「無色透明」をテーマにしています。例えば、どのサービスでも一貫した見た目で使えるUI設計や、デザイントークンも拡張しやすく設計しています。

Q-1
「なぜデザインシステムを作ろうと思ったのか」、
きっかけを教えてください。

株式会社スマートバンク｜サービスが市場に受け入れられはじめ、サービスも会社の規模も拡大する見通しがたってきたので、職種間の共通認識を整えてサービス開発をよりスピードアップさせたい、また、ユーザーに対して一貫した利便性の高いサービスを提供するために作ろうと考えました。

公益社団法人2025年日本国際博覧会協会｜ビジュアルやデザインを通じて2025年の万博を訴求していくとともに、デザイナー以外の人々にも広くこのデザインを使い、楽しんでもらうことで「自分にとっての万博 (My EXPO)」を作ってもらいたいと考えていたため。

クックパッド株式会社｜クックパッドにはSara (CSSフレームワーク。デザインシステムの元のようなもの)が10年前ほどから存在していました。Saraのメンテナーが不在になり使われないシステムになっていたこと。また、Saraはweb用だったためAppについてのデザインシステムが存在していなかったこと。時を同じくしてAppの大規模改修のタイミングも重なり、課題を解決していく過程でデザインシステムとして体裁を取るようになりました。Saraの後に、Citrusというデザイントークンをまとめたものもありました (Sara→Citrus→Apronというイメージ)。

Ubie株式会社｜デザイン生産基盤の構築を進めていく過程でデザイン原則やデザイントークン、UIコンポーネントなどができあがっていったのですが、それらがさまざまな場所に散らばっていて参照しにくく浸透・運用がやりづらいという問題がありました。そこでデザインシステムとしてリソースを集約し社内外から参照しやすくしました。

デジタル庁｜徹底的な国民目線でのサービス創出を短期間で実現するため、デザインシステムを構築することが政策として打ち出されました。

GMOペパボ株式会社｜現CDOの@kotarokは過去にデザインガイドラインなどの開発経験があったのですが、彼がペパボに入社した2019年の時点で、すでに各事業部でデザインシステムの開発には着手されていました。しかしデザインシステムの開発経験はもとより利用経験もない当時のペパボのデザイナー陣は、各事業部でそれぞれバラバラに手探りしながら進めざるを得ない状況でした。そこでCDOとして、各事業部でリソースが限られている中にありながらもデザインを戦略的に進めるには、ある程度リソースを集約して効率的に進める必要があると感じて、共通部分を集約する形でのデザインシステムを作ろうと思ったようです。しばしばリソースを引

き合いに出されて難航しがちなアクセシビリティの向上を、草の根的な取り組みだけでなく戦略的に進めるにあたっても、共通基盤からの浸透が必須だと考えられていた経緯があります。

Yahoo! JAPAN デザイン推進部｜2015年に行われたスマホ版Yahoo! JAPANトップページの刷新プロジェクトにてデザインがリニューアルした。その際に作成したデザインアセットを他のサービスでも活用していくこととなった。

株式会社CyberAgent Ameba事業本部｜Spindle設立当時、Amebaは15周年を迎えるサービスであったがゆえに、その歴史の長さに比例して、古い機能やシステムも多く残り、サービスに大きな負債がある状態になっていました。なおかつ、その過程で多くのメンバーが増えたり、入れ替わったりしたことで、メンバーそれぞれが各観点でのAmeba像を持つ状態になってしまい、ビジョンやプロダクトに一貫性が欠如している状態でした。これらの状況に対して、職種を問わず、すべての人がプロダクトを形作るうえでの共通認識を形成することを満たすためにデザインシステムを作成しました。

Yahoo! JAPAN DATA SOLUTION事業｜2017年に構想開始したDATA SOLUTION事業では、2019年にヤフーの多様なサービスから得られるビッグデータを活用いただき、企業や自治体などの事業活動を支援する、データ分析・活用に特化した法人向けサービスを立ち上げました。事業のサービス開始までに大量のモックアップや資料を短期間で作成しなければなりませんでしたが、デザイナーは1人しかおらずリソースが非常に限られていました。そのためデザイナーがすべての工程を見ることができず、各担当者のデザインリテラシーに委ねられる部分も多々ありました。こうした状況のなか開発・ビジネスなど関係者全員がUI/UXの品質に妥協せずプロダクトを作り上げられるようにするための解決策として、デザインシステムを開発し、チーム全体のデザインリテラシーを底上げすることにしました。

freee株式会社｜当時、UIの一貫性が保たれていないこと、エンジニアのフロントエンドの実装スキルにばらつきがあったことに課題感がありました。その状況でさらにアクセシビリティの取り組みを進めることに限界を感じ、統一されたデザインや実装が必要だよね、ということになりました。

株式会社AbemaTV｜リード UI デザイナーが、デザインがスケールしないという課題を持ち始めたことがキッカケです。アンケート回答者の五藤は、ABEMA のサービスやプロダクトを作っていてデザインされていないでいるものをデザインする手段をずっと模索していたので、リード UI デザイナーが持っていた課題に対して広義の意味でデザインをシステム化することを提案し、デザインシステムを作る活動が始まりました。

atama plus株式会社｜創業1年半から2年頃に、エンジニア、デザイナーの人数増に伴いプロダクトが複雑化し、一貫性担保の必要性を感じました。またチームの分割をきっかけに、デザイナーが施策ベースで認識を合わせることが難しくなり、デザインポリシーを揃えることでの解決を目指し、デザインシステムの作成に至りました。

合同会社DMM.com｜プラットフォームという性質上、バックエンドのシステムを「API」として提供することが多いですが、もちろんフロントエンドもさまざまな形で提供しています（ログイン、決済、ヘルプページなど）。多くは URL からアクセスできるいわゆる Web フロントエンドですが、UIを部分的に組み込むために、API や scripts として提供することもあります。DMM では従来よりマイクロサービスとして各チーム・アプリケーションが独立して開発しており、フロントエンドも同じように独立して開発されていました。プラットフォーム事業本部では歴史的にPHPなどのMPAでフロントエンドを作ることが多く、HTML / CSS のコーディングだけを別部署に依頼し、バックエンドのエンジニアが保守をするというのが主な体制となっていました。一部のアプリケーションではReactやVueが導入されていましたが、プラットフォーム事業本部全体の事を考慮できてはいませんでした。また、システムとしても歴史の長いものが多いため、簡単にはリファクタリングできないアプリケーションが多くありました。そのような状況だったため、フロントエンドの保守性は悪く、かつ、既存のシステムに継ぎ足しで改修していくことが多く、抜本的な改善を行うことができていませんでした。

Q-2
それはいつ頃で、
当時の会社の規模はどれくらいでしたか？

Yahoo! JAPAN デザイン推進部｜2015年、数千人規模

クックパッド株式会社｜2018年、連結で443名（2010年6月時点）

Yahoo! JAPAN DATA SOLUTION事業｜2018年4月頃、部門としては30名ほど

freee株式会社｜2018年の初め頃、500名程度

atama plus株式会社｜2018年12月頃、50名

株式会社AbemaTV｜2019年2月頃、300名

GMOペパボ株式会社｜2019年7月頃、370名ほど

公益社団法人2025年日本国際博覧会協会｜2020年1月、100名程度

株式会社CyberAgent Ameba事業本部｜2020年1月頃、当時の規模は不明ですが、現状と大きく変化ないはず（250人ほど）

Ubie株式会社｜2022年9月頃

デジタル庁｜2020年末頃より内閣官房情報通信技術（IT）総合戦略室デジタル庁準備室で議論を開始。

合同会社DMM.com｜2021年6月、4,101名（2021年2月時点）

株式会社スマートバンク｜2021年5月頃、約10名

Q-3
当時「デザインシステムを作って、達成したい」と考えていたのは、どんな課題でしたか？

株式会社スマートバンク｜プロダクトが市場にフィットするまではプロダクトを作ることを優先していたので、コンポーネントが再利用されてない場合があったり、コンポーネントに適切なプロパティを用意できていませんでした。それを整理して、今までルール化していなかったものを明らかにしてチームでデザインしやすい環境を整えたいという課題がありました。

公益社団法人2025年日本国際博覧会協会｜「デザインはデザイナー以外がしても良い」ということの一般化。

クックパッド株式会社｜サービス開発のアジリティ向上。デザインとコードの継続的なアップデートを行うシステムを作りたい。

Ubie株式会社｜
- アクセシビリティの向上
- 実装されたUIの品質安定・向上
- 業務効率改善

デジタル庁｜行政サービスの品質を改善し、より素早く良いサービス（行政サービスや申請・手続など）を届けられるようにすること、そのためのデジタル化の推進。

GMOペパボ株式会社｜長い歴史のあるペパボのプロダクトにはレガシーなUIが数多く存在していたのですが、こういったものの改善など継続的な開発が行える状態にしようという課題感がありました。そのために各事業部でデザインシステムを開発しようとはしたのですが、重複する部分も多く、開発経験やリソースに対しての心

許なさも課題でした。また、事業会社としてはプロダクトのUIだけでなくコンテンツ領域にも注力したいと考えていまして、エンジニア発のデザインシステムに顕著なUIコンポーネントの拡充にとどまらず、デザイナー発の取り組みとして全体課題の解決にも目が向いていました。これは同時期に取り組み始めていたブランドの強化浸透という課題への解決としても働きますし、ペパボは複数のブランドを有しているため、共通部分を集約しつつマルチブランドへ対応するためにFlavorというコンセプトを実現しようと考えました。

Yahoo! JAPAN デザイン推進部 | ヤフーではプロダクトごとに独立してデザイン業務が行われており、UIの統一やデザインアセットの再利用などの横断最適がなかなか進まないという課題があった。

株式会社CyberAgent Ameba事業本部 | プロダクトを作成するうえでの指針を作ることと、職種を問わずすべての人がプロダクトを形作るうえでの共通認識(=Amebaらしさ)を持てるようにすること。

Yahoo! JAPAN DATA SOLUTION事業 | サービス立ち上げ期であったため、新しいプロトタイプモックを短期スパンで大量に作成する必要がありました。ところが担当のデザイナーは1人だけとリソースが非常に限られています。ヤフーというニュース性の高い企業では、たかがプロトタイプデザインでも必要以上に大きく取り上げられてしまうため妥協することはできない状況にありました。そこでプロダクトのUI/UX品質を一定に保ちながらスピード感を持つためにデザインシステムを作ることになり、大きく3つの目的達成を目指しました。
「1.リソースの最大化:事業が拡大していく過程でボトルネックにならないよう作業を効率化しリソースを最大化」
「2.運用工数の削減:今後の展開を考慮し、見た目だけではなくアプリケーション開発の運用工数を削減」
「3.デザイン品質の担保:デザイナーがアサインされないプロジェクトにおいてもクオリティの担保」
です。

freee株式会社 | バラバラになっていたUIデザインや実装に統一された基準があり、高品質な実装が存在し、それによって生産性も向上していること。

株式会社AbemaTV | 先述した ABEMA のサービスやプロダクトを作るうえでデザインされていないものをデザインするための仕組みを作り、デザイナー個人が興味がある範囲や本人の能力の限界がデザインの限界になっていることにより発生している課題を洗い出し、当時の課題は、デザイン改善の優先順位に組織としての答え

がない、良いユーザー体験の定義がない、ファクトベースのデザイン改善力が弱い、人が変わるとデザインがブレる、を解決する、ということからスタートしました。

atama plus株式会社｜プロダクトの一貫性と、プロダクトチームの意思決定速度・作業効率の向上。

合同会社DMM.com｜プロジェクト毎に都度フルスクラッチしていたり、何度も同じことを続けていたことから、「PFの一貫性のないUIを統一したい」といった思いが強くなりました。そのうえで、デザインシステムの導入によって何度も繰り返し1から作らなくてよくなるので、開発効率が上がることも期待していました。

Q-4
デザインシステム立ち上げ期の
メンバーの構成を教えてください

株式会社スマートバンク｜デザイナー

公益社団法人2025年日本国際博覧会協会｜5〜6名程度（委託事業者含め）

クックパッド株式会社｜メイン：デザイナー2名+事業の関係者

Ubie株式会社｜デザイナー2〜3名、デザインエンジニア2名、エンジニア1〜2名

デジタル庁｜1名

GMOペパボ株式会社｜デザイナー3名とエンジニア1名

Yahoo! JAPAN デザイン推進部｜PM 1名 デザイナー（デザイン担当）3名 デザイナー（実装担当）4名

株式会社CyberAgent Ameba事業本部｜デザインエンジニア1名/デザイナー3名/エンジニア2名

Yahoo! JAPAN DATA SOLUTION事業｜UIデザイナー兼UXディレクター兼プロジェクトマネージャー1名 エンジニア3名

freee株式会社｜デザイナー2名、エンジニア2名、すべて兼業

株式会社AbemaTV｜プロダクトマネジメント的な動きもしていたエンジニア+デザイナー6名

atama plus株式会社｜在籍していたプロダクトデザイナー4名全員、componentについて話すタイミングで追加でエンジニア2名

合同会社DMM.com｜フロントエンドエンジニア2名

Q-5
リリース初期に用意した
中身はどんなものでしたか？（構成など）

株式会社スマートバンク｜
- 色・タイポグラフィのデザイントークン
- コンポーネントライブラリ

公益社団法人2025年日本国際博覧会協会｜コンセプト、基本パターン、展開イメージをまとめたガイドライン

クックパッド株式会社｜Figma_コンポーネント・デザイントークン（イラストレーション・アイコン)コンセプトなどのデザイン原則

Ubie株式会社｜デザイン原則、デザイントークン、アイコンセット

デジタル庁｜スタイルガイド、コンポーネントガイド

GMOペパボ株式会社｜タイポグラフィおよびカラーのパレットと、テキストフィールドやセレクトボックスなど最低限のUIコンポーネントを揃えたうえで、ブランドごとの差し替えが可能なFlavorという枠組みを実装し、Storybookで閲覧できるようにしました。

Yahoo! JAPAN デザイン推進部｜アイコンライブラリ、記事UIなどサービス横断で利用率の高いUIコンポーネントのライブラリ（Sketchライブラリ、HTML/CSSライブラリ)

株式会社CyberAgent Ameba事業本部｜
- デザイン原則と呼ばれる「Amebaらしさ」を届けるためにどのように設計、デザインをするのかの「約束事」
- ブランドガイドライン
- デザインシステムとしては色、ボタン、アイコンなどのatoms的要素

Yahoo! JAPAN DATA SOLUTION事業｜デザインライブラリ（Vueのコンポーネント）、ブランドアセット

freee株式会社｜ReactコンポーネントとSketchファイル

株式会社AbemaTV｜最初はデザインビジョンとデザイン原則のみ

atama plus株式会社｜デザイン原則、カラー定義、パターンライブラリ

合同会社DMM.com｜21/09~22/03 ダークモードを加味したそれぞれのトークン粒度に合わせたカラーパレットの提供が開始されました。コンポーネントライブラリはボタンなどの最小限のものだけでした。

Q-6
立ち上げ期に参考にした
デザインシステムはなんですか？

株式会社スマートバンク｜Shopify Polaris

クックパッド株式会社｜Atlassian、Salesforce、GitHub Primer、その他

Ubie株式会社｜Atlassian、Shopify Polaris、Adobe Spectrum、Ameba Spindle、SmartHR

デジタル庁｜Atlassian、Salesforce;GOV. UK、Adobe Spectrum、GMOペパボ

GMOペパボ株式会社｜Atlassian、Salesforce、その他

Yahoo! JAPAN デザイン推進部｜Atlassian、GitHub Primer

株式会社CyberAgent Ameba事業本部｜Atlassian、Shopify Polaris、Adobe Spectrum、Ameba Spindle、GMOペパボ、SmartHR、その他

Yahoo! JAPAN DATA SOLUTION事業｜Atlassian、その他

freee株式会社｜Atlassian、Salesforce、その他

株式会社AbemaTV｜その他

atama plus株式会社｜Atlassian、Salesforce

合同会社DMM.com｜Atlassian、Shopify Polaris、GitHub Primer、Adobe Spectrum、Ameba Spindle、SmartHR

Q-7
御社のデザインシステムの名前を教えてください

株式会社スマートバンク | 名前なし

公益社団法人2025年日本国際博覧会協会 | EXPO 2025 Design System

クックパッド株式会社 | Apron

Ubie株式会社 | Ubie Vitals

デジタル庁 | デザインシステム

GMOペパボ株式会社 | Inhouse

Yahoo! JAPAN デザイン推進部 | Riff Desgin System

株式会社CyberAgent Ameba事業本部 | Spindle

Yahoo! JAPAN DATA SOLUTION事業 | DATA SOLUTION DESIGN SYSTEM

freee株式会社 | Vibes, Groove, アクセシビリティー・ガイドライン

株式会社AbemaTV | Conte

atama plus株式会社 | uniform

合同会社DMM.com | Turtle (発音は検討中)

Q-8
御社のデザインシステムの
適用範囲について教えてください

株式会社スマートバンク | コミュニケーションからプロダクトまでB/43のサービスが関わる範囲すべて

公益社団法人2025年日本国際博覧会協会 | 当協会、国・地方自治体、関係理事団体、協賛・出展企業、プロジェクト参加者、ライセンス商品等

クックパッド株式会社 | レシピ事業 (クックパッドマート事業も一部含む)。各プロダクトごとです。

Ubie株式会社｜全社で1つのシステムを運用しているが、主にtoC向けサービスに適用しています。

デジタル庁｜デジタル庁所管サービスから順次、各府省庁へ展開

GMOペパボ株式会社｜Inhouseは共通基盤のデザインシステムとしてペパボが運営する事業全体に適用しています。そのうえで、色付けのないInhouseをベースに各ブランドのトークンを上書き的に適用する「Flavor」で複数ブランドをカバーしている仕組みです。デザイン原則などInhouseで統一的に定義しにくい部分は各ブランド独自のデザインシステム側で定義しています。

Yahoo! JAPAN デザイン推進部｜全社で1つのシステムを運用（ただし利用は一部のプロダクトのみ）

株式会社CyberAgent Ameba事業本部｜Amebaプラットフォームに属するサービスの中で、Amebaのブランド指針に準ずるもの。Amebaブログ、Amebaマンガ、Amebaニュース

Yahoo! JAPAN DATA SOLUTION事業｜ヤフーのデータソリューション部門で運用しているサービス全体

freee株式会社｜すべてのプロダクトに適用することを前提としています。ランディングページやヘルプサイトなどは対象外です。

株式会社AbemaTV｜ABEMA のサービスおよび全プロダクトが適用範囲

atama plus株式会社｜1サービスについて運用

合同会社DMM.com｜プラットフォーム事業本部が管理しているアプリケーションすべて

Q-9
今現在、デザインシステムに携わっている
メンバーの構成を教えてください

株式会社スマートバンク｜デザイナー、エンジニア（どちらも兼務で専任はいません）

公益社団法人2025年日本国際博覧会協会｜5 〜 6名程度（委託事業者含め）

クックパッド株式会社｜デザイン基盤G_デザイナー 1名・UXエンジニア1名・業務委託デザイナー 2名

Ubie株式会社 | デザイナー 4-5名、デザインエンジニア1名、エンジニア1名　全員プロダクト開発の仕事と兼務しています。

デジタル庁 | 6名（マネージャー2名、デザイナー2名、アクセシビリティスペシャリスト2名）すべて兼務

GMOペパボ株式会社 | CDO監修のもと、回答者のitoh4126が専任のような役割で中心的に携わっていて、デザインリードを中心に各事業部のデザイナーが2,3人、合計で10人強が携わっています。

Yahoo! JAPAN デザイン推進部 | 専任1名（チームリーダー）、兼務12名（チームメンバー）の計13名で構成されている。

株式会社CyberAgent Ameba事業本部 |

ブランドリード（デザイナー）

テックリード（Webエンジニア）

デザインリード（UIデザイナー）

アクセシビリティエキスパート（Webエンジニア）

ネイティブリード（Androidエンジニア）

+

SpindleにコミットしてくれているAmebaのメンバー（Spindlerと呼んでいます）

全員が事業の業務と同時並行で作業しています。

Yahoo! JAPAN DATA SOLUTION事業 | UI/UXディレクター2名、UIデザイナー4名、エンジニア5名

freee株式会社 | 実質的にデザインシステム専任のデザイナー（コードも書く）が2名、アクセシビリティ専門のメンバーが1名、それ以外に兼業のコミッターがエンジニア・デザイナーそれぞれたくさんいます。兼業メンバーの関わり方は人によって違いますが、デザインシステムへのコミットをメインにはしていません。

株式会社AbemaTV | プロダクトマネージャー、プロジェクトマネージャー、ディレクター、デザイナー、エンジニア、マーケターなどがいるが、サービスを作る人すべてが携わることができるようにタスクフォース制のチームを作ってそれぞれの課題に対してデザインシステムを更新している（全員兼務です！）。

atama plus株式会社 | デザイナー3名、エンジニア2名、全員兼任

合同会社DMM.com | フロントエンドグループ7名＋1名（私）、エンジニア6、デザイナー2、そのうち私はCTO室 兼 VPoE室から技術支援の立場でコミットしています。

今のデザインシステムの内容を教えてください

株式会社スマートバンク｜
- デザイン原則
- 色・タイポグラフィなどのデザイントークン
- ドメイン辞書
- コンポーネントライブラリ

公益社団法人2025年日本国際博覧会協会｜
- デザインポリシー
- デザインプロセス
- コンセプト
- デザインエレメント
- ID、GROUP、WORLD (Primary Color Inochi、SecondaryColor Umi、SecondaryColor Noyama、SecondaryColor Hikari)

クックパッド株式会社｜デザインコンセプト・デザイン原則・イラスト・アイコン・モーション・コンポーネント提供 (CSS React)など

Ubie株式会社｜デザイン原則、デザイントークン、コンポーネント、スタイルガイド、UXライティングガイド、アクセシビリティチェックリスト、VSCode拡張などのツール、アイコン

デジタル庁｜スタイルガイド、コンポーネントガイド、アクセシビリティガイド、テンプレート

GMOペパボ株式会社｜ペパボで運営している複数プロダクト・ブランドへ対応するためのFlavorと呼んでいる仕組みを前提にした構成となっていて、共通基盤となるInhouseではデザイン原則のほかタイポグラフィやコンポーネント、さらにそれらのガイドラインなど横断的な共通部分を定義しています。そのうち色や形などブランドによって調整したい要素はFlavorの変数にまとめておき、Flavorの差し替えによって各ブランドに適したデザインを実現しています。

Yahoo! JAPAN デザイン推進部｜主に以下の5つのプロダクトで構成されている
- Style Guide (デザインガイドラインドキュメント)
- Riff Design Kit (Sketch/Figmaライブラリ)
- Riff Design Token (デザイントークンライブラリ)
- Riff Icon (アイコンライブラリ)
- Riff React (Reactライブラリ)

株式会社CyberAgent Ameba事業本部｜

ブランド

- ブランドガイドライン
- スライドテンプレート
- 関連資料

原則

- アクセシビリティ
- パフォーマンス（パフォーマンス向上のために改善するチェックリストや進め方、関連資料が配下にあります）
- コンテンツ（ブランドボイスや用語・表記ルールが配下にあります）

スタイル

- カラー、タイポグラフィ、アイコン、イラストレーション、アニメーション

コンポーネント（コンポーネントは、再利用可能なUIの構成要素）

- Button、Checkbox、List、Modal、TextField

Spindleについて

Yahoo! JAPAN DATA SOLUTION事業｜デザインライブラリ（vueのコンポーネント）、ブランドアセット・ガイドライン

freee株式会社｜

- UIコンポーネント集 Vibes: Figmaのライブラリと、Reactの実装。実装についてはGitHub packagesで社内に配布している
- ガイドライン集のGroove: Vibesを使ってNext.jsの静的サイトとして構築している
- アセシビリティ・ガイドライン: 静的サイトとして構築している

株式会社AbemaTV｜デザインビジョン、デザイン原則、アクセシビリティの考え方とそのデザインへの埋め込み方、プロダクト品質管理のためのテスト観点項目書、モデリング（ドメインモデリングやコンテンツモデリング）、ユースケースの処理シーケンス図、動画再生制御の仕組みや映像品質の考え方、デザインカンプから自動的にアセットを GitHub に Pull Request するなどのツール群等

atama plus株式会社｜デザイン原則、ムードボード、スタイル、表記ルール、パターンライブラリ

合同会社DMM.com｜Turtle は大きく分けて「デザイン原則」「デザイントークン」「コンポーネントライブラリ」で構成されています。

Q-11
ツールは何を使っていますか?

株式会社スマートバンク｜Storybook、Notion、Figma、Style Dictionary

クックパッド株式会社｜自社で構築している、Storybook、Figma

Ubie株式会社｜Storybook、Notion、Figma

デジタル庁｜Figma

GMOペパボ株式会社｜Storybook、Notion、Figma、Figma Tokens (plugin)、Style Dictionary (build tool)

Yahoo! JAPAN デザイン推進部｜自社で構築している、Storybook、Figma、Sketch

株式会社CyberAgent Ameba事業本部｜Storybook、Notion、Figma

Yahoo! JAPAN DATA SOLUTION事業｜自社で構築している、Figma

freee株式会社｜自社で構築している、Storybook

株式会社AbemaTV｜自社で構築している、GitHub、HonKit、Figma

atama plus株式会社｜zeroheight、Storybook、Figma。zeroheightは自社構築に移行予定です。

合同会社DMM.com｜Storybook、Figma、Confluence（全社で利用しているドキュメントツールに準拠）

Q-12
どんなときにデザインシステムに
追加/更新/削除をしていますか?

株式会社スマートバンク｜サービス内で「決まりごと」ができたとき。

公益社団法人2025年日本国際博覧会協会｜アップデートの必要が認められた場合。

クックパッド株式会社｜社内からのリクエストがあったとき。デザインシステムをプロダクトに部分導入する過程で必要になったとき。

Ubie株式会社｜プロダクト開発で運用している際に必要だと思うものを追加・変更しています。今のところ要素の削除は行っていません。

デジタル庁｜プロダクト担当のフィードバックを経て定期的に更新。

GMOペパボ株式会社｜開発途上のため、ロードマップに則って優先順位をつけたうえで随時更新しています。日々デザインする中で必要性が高まった要素があれば適宜開発の優先度を上げたりもしています。

Yahoo! JAPAN デザイン推進部｜機能追加やバグ対応など、隔週で定期アップデートを実施している。

株式会社CyberAgent Ameba事業本部｜Spindleメンバーが、今後必要なものをバックログに積んでできるところから追加しつつ、事業的に必要になって優先度が上がったものを積極的に対応する形で進んでいます。

Yahoo! JAPAN DATA SOLUTION事業｜各サービスで新しいコンポーネントの修正、追加が必要になったとき。

freee株式会社｜追加や更新は随時。プロダクト開発の現場で必要なものは、デザインシステム専任メンバーやコミッターで仕様などを議論したうえで、基本的にその開発メンバー（デザイナーやエンジニア）に作ってもらうようにしています。それ以外にも、専任メンバーやコミッターでデザインシステム自体の発展のために作っていくことがあります。削除については、deprecatedフラグを立てて使わないように周知していくということをしています。いまのところ積極的に削除はしていません。

株式会社AbemaTV｜デザインされてない問題に関して人に依存しないでデザイン可能なソリューションとして定義ができたときに追加し、その定義に不備があったときや時間が経って十分にデザインされたソリューションではなくなったときに更新し、そもそも問題が消え去ってしまったときは削除します。

atama plus株式会社｜社員から要望・質問が来たタイミングと、汎用的に使われてるcomponentを整理するタイミング。

合同会社DMM.com｜まだまだデザインシステムとして各アプリケーションに投入してから間もないので、構築チェックリストを作り、ロードマップを引いて管理運用しています。今のところ、削除される要素はなく主要なUIコンポーネントを構築している最中です。

Q-13
御社のデザインシステムの優れているところ、推しポイントを教えてください

株式会社スマートバンク | プラットフォーム、輝度などの環境、プリペイドカードの見た目に適応した複数テーマに対応できること。

公益社団法人2025年日本国際博覧会協会 | コアとなるグラフィックからクリッピングして使用する仕組みを採用しているため、さまざまなビジュアルを無数に作ることが可能である。

クックパッド株式会社 | 料理の会社に特化したデザインシステムであること。壊すことを前提に作っているところ。

Ubie株式会社 | デザイントークンが運用に耐える。

デジタル庁 | ウェブアクセシビリティへの配慮、行政サービス向けに作成されていること。

GMOペパボ株式会社 | やはりFlavorでマルチブランドとの接続がなされているところではないでしょうか。UIデザインに着目すると、コンポーネントだけでなくそのガイドラインも同等以上に重視していて、どのような設計思想でデザインするか意識的になれることの価値はデザイナーの共通基盤として大きいように感じています。また、入社して最も好感を持ったのは"タイポグラフィファースト"や"マテリアルオネスティ"などを体系的に参照している点で、他社のデザインシステムにないペパボらしさを感じました。

Yahoo! JAPAN デザイン推進部 | デザインシステムを構成する各プロダクト間で仕様の一貫性を保つためのさまざまな工夫をしていること。

株式会社CyberAgent Ameba事業本部 | デザインシステムを活用して実際にプロダクトを改善してくれる自走者が多いこともあって、Spindleの発展が滞ることなく進み続け、プロダクトへの浸透が2年間続けられていることです。あと、アクセシビリティがAmebaの強みであり、それをできる限り遵守できる仕組みを提供できていることです。

Yahoo! JAPAN DATA SOLUTION事業 |
1.コンポーネント化により、プロトタイピングができる
2.デザイントークンを用いることにより、システムやドキュメントで一貫したユーザー体験を提供できる

3. コーディングルールに基づいた開発で、デザイン/機能の変更による改修スピードが早い
4. デザインシステムを開発基盤とすることで、大規模なリファクタリングを起こさない

freee株式会社 | コンポーネント集であるVibesのおかげで、エンジニアからは「ドメインの実装に集中できた」とお褒めの言葉をいただいています。アクセシビリティ・ガイドラインは、WCAGをベースに再構築をしていて、誰でも使えるわかりやすい状態のものを作っています。

株式会社AbemaTV | サービスに関わる人は誰でもシステムの変更に携わることができ、実際に複数の人がどんな変更を入れることで ABEMA のデザインをより誰でもできる形に変えられるかを日々話し合い、決定した変更は適用されているところです。

atama plus株式会社 | ガイドラインドキュメント、サンプルコード、Figmaのcomponentを3点セットで揃えて行っているところ。

合同会社DMM.com | モノレポの一部にデザインシステムがあるので、基本的にどのアプリケーションも技術スタックを統一できています。フロントを伴うアプリケーションは、とくに何もしなくてもデザインシステムを利用できます。また、他のアプリケーション独自で開発されたUIコンポーネントはデザインシステムとして切り出しやすい状態になっています。コンポーネント単体としては、Web標準を重んじて、なおかつWebアクセシビリティ向上を目指し、日々コンポーネントの設計と改善が行われています。

Q-14
デザインシステムが「役立っているなぁ」と感じる瞬間を教えてください

株式会社スマートバンク |
- デザインデータ内に似た色が無数に増えるというようなことが起こっていないとき
- 類似したアイコンがどんどん追加されるようなことが起こっていないとき
- ドメイン辞書を基準にプロダクトのライティングを議論しているとき

クックパッド株式会社 | 社内のデザイナーが自主的に使ってくれているとき。デザインシステムを適応してデザインが改善されたとユーザーからの反応が得られたとき。デザインシステムを使用したことで誰しもがクックパッドらしいデザインを行えるよう

になったこと。デザイナー・エンジニア以外の職種でも常にアクセスできる状態にしているため社内で活用してもらっていること。

Ubie株式会社｜エンジニアがマークアップに迷わなくなった、Figmaを参照しなくても実装できるようになった、無駄なことに悩む時間が減り開発効率が上がった、デザイナー間で使用している色やスペーシングの差がなくなりレビューしやすくなった、誰でもアクセシブルな実装がしやすくなった

デジタル庁｜作業工数短縮に役立っています（感覚値なので正確ではありませんが6割程度）。ステークホルダーが多く、ゼロからトンマナ・UIを検討するよりも調整コストを減らせるためです。ウェブアクセシビリティの担保にも役立っています。

GMOペパボ株式会社｜まず共通基盤として生産性の向上に役立っている点が大きい印象です。新規事業「GMOレンシュ」の立ち上げにおいては開発工数を大きく削減でき、"もう1人デザイナーがいる"と錯覚するぐらいのインパクトがあったとの声が担当デザイナーから寄せられています。また開発リソース・コストを最小限に抑えたい社内ツールの開発でも役立っていて、社員が日々触れる機会の多い社内ツールこそ適切にブランドを反映したうえで良質なUIを実装する必要があり、Inhouseがうってつけな場面だと考えられます。また、パターンランゲージのような概念をデザイナー中心に言語化・共有できる点や、ガイドラインの参照・更新などを通じてデザイナーの育成にも効果があるように感じています。

Yahoo! JAPAN デザイン推進部｜利用者向けアンケートなどでポジティブなフィードバックをいただいたとき。

株式会社CyberAgent Ameba事業本部｜デザインレビューや施策のレビューを行うときに、あらかじめ言語化されたルールがあるので、それを提示できること。属人化したレビューによる議論やコミュニケーションコストが減ること。SpindleのComponentを組み合わせて作られたUIが、基本的にアクセシビリティチェックを一発でパスできたとき。

Yahoo! JAPAN DATA SOLUTION事業｜

- リリース当初と比べると、デザイナーが携わっているプロダクトは2倍以上になりましたがデザインの管理コストを削減できました
- プロダクト全体にアクセシビリティ対応を行う際、低いコストで全プロダクトに適用することができました
- UIの品質はデザインシステム側で一覧できるため、個々のインタラクションまでチェックする手間を省けています
- デザイントークンを営業ドキュメント等にも展開することで、開発だけではなくビジネスチームにも統一されたデザインを提供できるようになりました

freee株式会社｜HTMLやCSSに疎いエンジニアが高品質な画面の実装をすごいスピードでできている。新機能のほとんどがアクセシビリティチェックされてからリリースされるようになった。デザイナーから「デザインシステムに甘やかされているので、それらを使えない場所の作業がしんどい」みたいな発言が聞こえる。

株式会社AbemaTV｜用語やコンテンツモデリングをはじめとしたブレやすい概念や定義が自分たちにとって正しく定義してサービスを作っていきたいと思う人が増え、課題を持った人が自ら打ち合わせを組んだり、定義され1つの正としてブレなくなったと感じたときに「役立っているなぁ」と感じる。

atama plus株式会社｜コミュニケーションがスムーズ。プロダクトのcomponent単位でのUI課題を解消しつつ統一感が出ている。

合同会社DMM.com｜さまざまなプロダクトにおいて、とくにディレクションをしなくてもある程度の品質のUIを作ることができ、実装・デザインコストを削減できています。

Q-15
デザインシステムが使われている状態にするために、また社内で浸透するために工夫している・意識していることはありますか？

株式会社スマートバンク｜

- わかりやすいガイドラインを書くこと
- 理由を明快にすること
- レビューをすること

クックパッド株式会社｜デザインシステムの運用チームであるデザイン推進部がデザイナー用の横断組織である。そのチームメンバーがレシピ事業に在籍経験があるため、細かい業務仕様や実装の勝手がよくわかっている。そのため、事業優先度的に上位にはならないデザインシステムの導入や適用を運用メンバー自らが行うことで、事業部のメンバーが業務でいつの間にかデザインシステムを使っている状態を作れている。

Ubie株式会社｜エンジニアが使いたいと思えるようなツールの開発、運用を自動化する努力、コンポーネントの置き換えまで作った人がやる、全社定例でデザインシステムの存在を告知。

デジタル庁｜並走支援を強化しています。また、行政サービスでは調達プロセスにデザインシステムを組み込むことが欠かせず、調達チームとも連携して浸透施策を立案しています。浸透には、実際にプロダクトに組み込むチーム、ガイドライン・プロセス策定チームとコミュニケーションチームの3チームがあります。

GMOペパボ株式会社｜回答者が所属するデザイン部の存在自体が共通基盤としてのInhouseに近い性質を帯びていて、デザインシステムの開発をリードするだけでなく、積極的に各事業部の会議へ参加し、個別事例の調査や意見交換などを通じてデザインシステムの活用をサポートしています。また、半年に一度ペパボのデザイナーが一堂に会して開催されるDesigners All Handsでもその時々のInhouse関連のトピックなどを交えつつ情報を共有しています。CDOが経営層の会議でデザインシステムの効果などを共有している点も大きいのではないでしょうか。社員の接触機会が多い社内ツールのデザインや開発で積極的に導入しているのも社内での浸透に一役買っている印象です。

Yahoo! JAPAN デザイン推進部｜デザインシステムチーム、デザインシステム利用プロダクトの担当者が連携するための定例ミーティング（デザインシステム共有会）を実施している。

株式会社CyberAgent Ameba事業本部｜デザインシステムの浸透のために必要なものが、共感と納得だと思っていて、それらを実感してもらうために可能な限り根拠を言語化し、そのドキュメントが誰でも参照できる場所に置くことを意識しています。また、SpindleのコントリビューターをSpindlerと呼称し、エンゲージメントを高めてもらう施策を現在実行しようとしています。

Yahoo! JAPAN DATA SOLUTION事業｜よくあるデザイナー、エンジニアだけが利用するデザインシステムにとどめず、ビジネス部門、マーケティング部門も巻き込んで使えるプラットフォームを用意していることです。

freee株式会社｜Slackをエゴサーチしてデザインシステムの使い方や迷う場所についての発言を見つけたら積極的に絡んでいったり、「サロン」と称してデザイナーを集めてアナウンスや議論をするようにしています。

株式会社AbemaTV｜サービスを作るうえでそれぞれの従事者が何となく感じている課題をタスクフォース化し、推進してもらう。自ら携わって推進しているものは関心が高いし、自分事化される。

atama plus株式会社｜プロダクトにおける新旧component使用率を共有、オンボーディングをしっかりしている、定期的に目に触れるようにしている。

合同会社DMM.com |

【エンジニアへのアプローチ】

技術スタックを統一する意味もあるので、必ず共通基盤のモノレポを採用しています。

アプリケーションのテンプレートにTurtleも含めることで、開発の際は必ずTurtleが利用される状態にしています。

【デザイナーへのアプローチ】

DMMにはさまざまなスキルセットを保有するデザイナーが在籍しているので、必ずしもWebに詳しいデザイナーがアサインされるとは限りません。ただ、デザインシステムとして、広く利用できる状態が望ましいと考えているので、プロジェクトにアサインされるデザイナーには必ずTurtleを利用するにあたってのオンボーディングを有人で行っています（今後、無人化する予定）。

Q-16
デザインシステムに関して、
今は実現できていないけれど、
これからやりたいと思っていることはありますか？

株式会社スマートバンク | モバイルアプリにおける効率的なデザインシステムの運用。

公益社団法人2025年日本国際博覧会協会 | このデザインシステムを使って一人ひとりが唯一無二のビジュアル（ID）を作ることができ、このIDをNFT技術を活用して世界中の人々と共有するプロジェクトを進める。

クックパッド株式会社 | デザインガイドラインは定義がある程度できた。現在Figma Communityに一部のページを公開しているが、検討中で未公開だったページを順次公開していきたい。レシピサービスのデザインシステムは準備できたが、社内の別事業、別プロダクト用のデザインシステムもApronの知見を生かして構築したい。また、モバイルアプリだけでなくWebブラウザプラットフォームへApronを適用すること。WebブラウザにはSaraという自社製のCSSフレームワークが入っているのでApronにリプレイスすること（社内的にこれはとても大変なことです）。

Ubie株式会社 |

- アクセシブルなUIコンポーネントの拡充
- デザイントークンやコンポーネントなどの意思決定ログを残すこと
- 全プロダクトへの展開

デジタル庁｜Web、アプリごとのガイドラインの策定、toG（業務システム向け）のガイドライン策定。

GMOペパボ株式会社｜アーキテクチャなどの都合で部分的な導入にとどまっているプロダクトもあり、今後はデザイン部を中心によりいっそう社内で浸透させて生産性に寄与した実績を作りたいところです。アクセシビリティの向上などにおいても、現在は各事業部それぞれで取り組んでいる部分が多かったりするのですが、Inhouseの更新および導入を推し進めることで適切にアクセシビリティが担保された状態にしたいと考えています。また、プリミティブなコンポーネントなど粒度の細かい部分で対応しにくいような高次の問題に対する解決パターンも素早く適切に提示できる状態にしていきたいです。

Yahoo! JAPAN デザイン推進部｜各プロダクトの成功事例をデザインシステムに反映する、フィードバックエコシステムの構築。

株式会社CyberAgent Ameba事業本部｜ライティングに対しての一貫性やルールの定義は行いたいと思っています。コンテンツに対してのガイドラインはもっと拡充させてもよいと思っています。

Yahoo! JAPAN DATA SOLUTION事業｜わからない。

freee株式会社｜社内でもっと関わる人を増やしたい、デザイナーやエンジニア以外の人からも参照される状態を作りたい。

株式会社AbemaTV｜サービスグロースを人に依存しない形でデザインできるシステムにしたい。

合同会社DMM.com｜細々したのはいくつがありますが、わかりやすい例で言うとUXライティングの強化があります。

Q-17
1年前のデザインシステムが抱えてた課題はなんですか？

株式会社スマートバンク｜プロダクトが市場にフィットするまではプロダクトを作ることを優先していたので、コンポーネントが再利用されてない場合があったり、コンポーネントに適切なプロパティを用意できていませんでした。それを整理して、今までルール化していなかったものを明らかにしてチームでデザインしやすい環境を整えたいという課題がありました。

クックパッド株式会社｜運用担当者の退職でリードできる人が一時不在になったこと。また、モバイルアプリのリニューアルを機にデザインシステムを構築し始めたので、アプリ内の画面にはガイドラインルールが適用されている状態だったが、Webブラウザプラットフォーム上ではまったく導入されていなかった。

デジタル庁｜2021年9月1日にデジタル庁が発足し、組織の整備が喫緊の課題になっている中でしたので、デザインシステムというPJを立ち上げて前に進めていくこと自体が大変な状況でした。

GMOペパボ株式会社｜デザインシステムを専任するような立場でリードするデザイナーがいなかったため、リソースとの兼ね合いから思うような速度感で開発に取り組めない課題があったようです。

Yahoo! JAPAN デザイン推進部｜アクセシビリティを担保しやすいカラーパレット設計になっていなかった。

株式会社CyberAgent Ameba事業本部｜定義が一通り終わった中で、どのようにComponentを実プロダクトに浸透させていくかに悩んでいました。

Yahoo! JAPAN DATA SOLUTION事業｜部門内でも認知されていなかったため、デザインシステムありきで開発や資料作成を進めるために関係者を説得する必要があった。

freee株式会社｜デザインシステムへのコントリビューションがプロダクト側から発生せず、バグや課題の報告すら、なかなかされないという状態だった。必要なコンポーネントをコンポーネント集に追加しようという提案もなく、独自のコンポーネントがあちこちのプロダクトに生えていった。

株式会社AbemaTV｜継続的な時間の確保（全員兼務のため）。

合同会社DMM.com｜まだ形というほどのモノになっていないので未回答とします。

Q-18
今のデザインシステムについての課題を教えてください

株式会社スマートバンク｜ガイドラインが不足しているため、職種間の共通認識がまだまだとれていない点。

クックパッド株式会社｜React対応のデザインシステムであるapron-reactを構築したが、新しいガイドラインや先行実装していたapron-cssと比べるとボタンやリンクコンポーネントなど一部しか実装できておらずプラットフォーム間で差異がある。

Ubie株式会社｜開発に携わるメンバーが全員兼務なので時間を確保するのが難しく、計画を前に進めることができないこと。

デジタル庁｜フィードバックループを回していくための仕組み。

GMOペパボ株式会社｜ガイドラインとして適切に言語化するスキルにはばらつきが出やすく、一部のデザイナーにリソースが集中するなどの点で難しさを感じる場面があります。プロダクトによって導入の度合いにばらつきが出ている点も課題に感じています。また、プロダクトUIの領域に比べてコンテンツデザインの領域が充実していないため、今後はコンテンツへの注力を予定しています。

Yahoo! JAPAN デザイン推進部｜兼務メンバーで構成されているため多くのリソースを割けない。

株式会社CyberAgent Ameba事業本部｜Componentなどのリプレイスが完了した中で、実際にサービスに一貫したブランド体験をインストールする仕組みを作る必要性を考えています。

Yahoo! JAPAN DATA SOLUTION事業｜デザインシステムを適用するプロダクトが増えたことで、1つのコンポーネントを改修するだけでも多くの関係者に合意を取る必要が出てきた。

freee株式会社｜いまの形のデザインシステムでできる部分の限界みたいなものがある。コンポーネントの単位を超えて発生するユーザビリティやアクセシビリティの問題は、使う人の (特にテクノロジーやIAに関する部分の)スキルを高めるか、より大きい単位でのテンプレートを用意するなどを考えていかなければならなさそう。

株式会社AbemaTV｜適切なアクセス権管理 (使う人のバリエーションが広がってきたため)

合同会社DMM.com｜トークンやコンポーネントからコンポーネントのドキュメントまで充実しつつありますが、デザインシステムの利用者が十分に扱えているわけではないです。1つの例ですが、Figma Component Propertiesの機能を十分に理解していない人もいるので、Boolean propertyを利用せずformのエラーテキストを別で用意してしまいます。このことから、オンボーディングだけではなく、デザインデータとしてもExampleの充実を図ったり、UIの特性や推奨/非推奨のパターンをドキュメント以外でもデザインデータとして再現すべきな気がしました。これは大きな組織であるがゆえに、デザイナーといってもスキルセットがまちまちなことによる課題なのかもしれません。

Q-19
デザイン原則は必須だと思いますか？

思う
- 株式会社スマートバンク
- 公益社団法人2025年日本国際博覧会協会
- クックパッド株式会社｜「事業のフェーズによるが、多少なりともあったほうが良い」
- Ubie株式会社
- デジタル庁
- GMOペパボ株式会社
- Yahoo! JAPAN デザイン推進部
- 株式会社CyberAgent Ameba事業本部
- Yahoo! JAPAN DATA SOLUTION事業
- 株式会社AbemaTV
- 合同会社DMM.com

思わない
- freee株式会社
- atama plus株式会社｜解決したい課題による

Q-20
コンポーネント集は必須だと思いますか？

思う
- 株式会社スマートバンク
- クックパッド株式会社
- Ubie株式会社
- デジタル庁
- GMOペパボ株式会社
- Yahoo! JAPAN デザイン推進部
- Yahoo! JAPAN DATA SOLUTION事業
- freee株式会社
- 合同会社DMM.com

思わない
- 公益社団法人2025年日本国際博覧会協会

- 株式会社CyberAgent Ameba事業本部
- 株式会社AbemaTV
- atama plus株式会社 | 解決したい課題による

Q-21
今、気になっているデザインシステムがあったら教えてください

株式会社スマートバンク | Material Design 3

Ubie株式会社 | Carbon (IBM)

デジタル庁 | シンガポール等の各国政府のデザインシステム (ベンチマークとして)

GMOペパボ株式会社 | ShopifyのPolarisはペパボも運営しているEC系のドメインとして参照する部分が多いように日々感じています。また、ブランドやコミュニケーションデザインの観点でStarbucks Creative Expressionも目が離せない存在です。個人的にはRadiohead「Hail to the Theif」アートワークのポスターは完全にデザインシステムのそれであり、当時の社会情勢も反映しつつ20年前の2003年時点でリリースされている点も含めて、今一度参照されるべきではないかと感じています。

Yahoo! JAPAN デザイン推進部 | Adobe Spectrum、Braid Design System、Atlassian Design System、Shopify Polaris、など

株式会社CyberAgent Ameba事業本部 | LINE DESIGN SYSTEM

Yahoo! JAPAN DATA SOLUTION事業 | デジタル庁デザインシステム

freee株式会社 | ShopifyのPolaris

atama plus株式会社 | Adobe、Goldman Sachs

あとがき

まず、この本を手に取り、読んでくださった読者のみなさん、ありがとうございます。

不確実性が高い市場で、仮説を立てながらなるべく早くリリースしては、改善や修正を繰り返すことで、「労働にまつわる社会課題をなくし、誰もがその人らしく働ける社会」を作ろうとしている私たちのデザインシステムは、本書でも繰り返し言及した通り、常に「WIP (Work In Progress)」です。なので、この先「SmartHR Design System」も変わっていくことでしょう。しかし、根っこの考え方は普遍的なものです。

私たちが提供するのは、顧客の課題に対する解決手段です。実態を掴みきれないモヤモヤを抱えていたり、すでに課題解決に取り組んでいたりと、向き合う顧客は多様です。しかし、私たち自身が働き続けられるのは、私たちの作るサービスで課題が解決できると信頼し、その対価を払って使い続けてくれる顧客があってこそです。つまり、私たちのデザインの営みは、「顧客の価値につながっているか」という目的に基づいています。

あなたの作るデザインシステムは、どんな目的に根ざしているでしょうか？私たちの目的とは違って当然です。まずは、それを声に出して、周囲と擦り合わせてみましょう。そして、ぜひあなたらしい「デザインシステム」を作ってくれたらと願っています。可能であれば、その中で得た経験や学びをシェアしていただけるとうれしいです。

目的は異なっても、互いの知識の共有が有益であることは、「5 デザインシステムの正解は1つじゃない」の行間から感じられたと思います。アンケートにご協力いただいた、atama plus株式会社 沼田歩実さん、株式会社AbemaTV 五藤佑典さん、クックパッド株式会社 市原梢さん、村山賢太さん、見上香桜里さん、株式会社サイバーエージェント Ameba事業本部 本田雅人さん、GMOペパボ株式会社 itoh4126さん、株式会社スマートバンク putchomさん、デジタル庁、合同会社DMM.com CTO室 兼 VPoE室 大村真琴さん、プ

ラットフォーム事業本部 第3開発部 フロントエンドグループ 岡本忠浩さん、公益社団法人2025年日本国際博覧会協会 機運醸成局企画部 松田拓さん、freee株式会社 山本伶さん、Yahoo!JAPAN デザイン推進部 三宮肇さん、DATA SOLUTION事業 駒宮大己さん、Ubie株式会社 takanoripさん、たくさんの質問に丁寧な回答をありがとうございました。

さて、今回、私たちの試行錯誤を、書籍という手触りのあるプロダクトに仕立ててくださった編集の石井さん、装丁の市東さん、レイアウトの玉造さんには、めいいっぱいの感謝を伝えなければなりません。執筆に不慣れな私たちを、さまざまな形で助けていただきました。

「SmartHR Design System」の日々の運用では、PixelGridの中村享介さん、藤田智朗さん、渡辺由さんに大変お世話になっています。「こういうことできませんか?」という相談に、すぐに答えをいただけるので、どんどんデザインシステムの使い勝手と見やすさが向上しています。また、コミュニケーションデザイングループの橋口萌さんのイラストは、SmartHRには欠かすことのできない大事な財産となっています。いつも素敵なイラストをありがとうございます。

今回、SmartHRのデザインシステムにまつわる歴史を知るためのアンケートや取材に協力してくれた、コミュニケーションデザイングループ、プロダクトデザイングループ、UXライティンググループのみなさんにも感謝しています。

そして、一緒にデザインシステムのコンテンツを作っている近藤小百合さん、佐藤哲裕さん、この書籍の中には2人のナレッジもたくさん詰まっています。いつもありがとう。最後に、奥沢舞さん! あなたの細やかなアシストに私たちはたいへん救われました。いろいろ助けてくれて、本当にありがたぅ〜。

著者一同

執筆者紹介

大塚亜周（おおつか・あぐり）Twitter: @aguringo
老舗実用系出版社にて、女性誌編集ならびに事業開発に従事。グローバルデジタルエージェンシーに転職後、コンテンツディレクションと情報設計のスキルを生かして、大手企業のマーケティング支援に携わる。2020年3月、ヘルプセンターのコンテンツ編集としてSmartHRに入社。まだまだカオスだった社内で、SmartHRのバリューの1つ「一語一句に手間ひまかける」を体現し、あちこちで言語化を手伝っていたら、UXライターに。粒度を揃えるのが好き。

稲葉志奈（いなば・しな）Twitter: @ShinaInaba
入社以前はプロジェクトエディターとして企業のオウンドメディアや広報活動におけるコンテンツ制作支援に従事。同時にウェブメディアでの記事執筆や企業のステートメント作成などを通じて「書く仕事」の経験を積む。SmartHRには2022年にUXライターとして入社。本書籍の制作では、取材・執筆を通じてコラムと「デザインシステムを作るコツとステップ」を担当。

金森 悠（かなもり・ゆう）Twitter: @uknmr
2020年SmartHR入社、プロダクトデザイニンググループに所属。プロダクト開発に携わる人。ウェブデザイナーとして10代の頃から個人で活動を始め、大学でインダストリアルデザインを学ぶ。中小SIerに就職し主にJavaエンジニアとして働く。その後ウェブ系のフロントエンドエンジニアを経て、情報設計やデザインへの熱情を思い出した頃、現職へ。インターネット大好き。特にウェブ界隈を作り上げている思想とその人々が好き。

samemaru（さめまる）Twitter: @samemaru_saxo
受託開発会社でモバイルアプリなどのUIデザインを経験したのち、2018年10月にSmartHRに3人目のデザイナー、初のプロダクトデザイナーとして入社。新機能のPdM兼デザインを担当しながらUIコンポーネントの基礎づくりなどを行う。その後コミュニケーションデザイングループに異動し、デザインシステムを立ち上げ。2021年には関口さんとともにブランドマネジメントユニットを立ち上げた。漫画が好き。

圓山伊吹（まるやま・いぶき）Twitter: @ibulog_
電機メーカーで管理会計業務に従事したのち、ウェブメディアへと転職。ITに関する記事執筆やシステム開発・運用を行う。その後、SaaSを提供する企業でのAPIドキュメント作成や開発者コミュニティの運営を経て、2022年3月にUXライターとしてSmartHRに入社。SmartHR基本機能を担当するとともに、textlintの運用にも携わっている。

植田将基（うえだ・まさのり）Twitter: @wentz_design
2021年4月にSmartHRのプロダクトデザイニンググループの9人目として入社し、これまでの職歴も含めてB2B SaaSプロダクト歴は約5〜6年のプロダクトデザイナー。主に、SmartHR基本機能のプロダクト開発チームでデザイン業務を担当。サブプロジェクトとして、デザインシステム以外にもユーザーリサーチ推進室の運営に参画。

関口 裕（せきぐち・ゆたか）Twitter: @hanarenoheya_im

2021年入社、コミュニケーションデザイングループに所属。クリエイティブディレクター・デザイナー。大学でインダストリアルデザインを修めた後、エディトリアル・情報デザインを扱うデザイン会社に就職、雑誌や書籍を中心に紙媒体のデザインに携わる。その後コーポレート・ブランドサイトなど構造的なウェブメディアのデザインにも従事。媒体や施策にとらわれないデザイン推進や、規模や価値観の異なる案件を同時に進めるのが好き。好物はゴボウ。

8chari（はっちゃり）Twitter: @8chari_88

制作会社でテクニカルライターとPMOを経験した後、電機メーカーでマニュアル制作のディレクションに従事。2021年6月にSmartHRにUXライターとして入社し、SmartHR基本機能を担当。サブプロジェクトとして、デザインシステム以外にもテクニカルライティング講座の運営など、社内全体のライティングスキルの底上げに携わる。

後藤拓也（ごとう・たくや）Twitter: @versionfive

通信事業会社にて企業向けモバイルアプリの開発や、コンシューマー向けサービスの開発・運用に従事。また、2010年頃よりUXデザインの基礎となる人間中心デザインを学ぶ。2020年5月にSmartHRの1人目のUXデザイナーとして入社。SmartHRの基本機能のプロダクトデザインを担当するとともに、デザインシステムの立ち上げやUXリサーチの社内導入に携わる。

小木曽槙一（こぎそ・しんいち）Twitter: @kgsi

ウェブ制作会社のデザイナー・エンジニアから、事業会社のデザインエンジニアを経て、2020年にSmartHR社のプロダクトデザイナーとして入社。基本機能の開発を経て現在は従業員サーベイ機能の開発設計に従事。パラレルキャリアを標榜し、副業エンジニア・デザイナー・アドバイザーとしても活動中。

桝田草一（ますだ・そういち）Twitter: @masuP9

製造業向けの法人営業・マーケティングから2014年にデジパ株式会社に入社し，フロントエンドエンジニアに転身。2017年に株式会社サイバーエージェント入社。ウェブフロントエンド開発を経て，メディア事業のアクセシビリティ向上プロジェクトを推進。2021年に株式会社SmartHRにプロダクトデザイナーとして入社。アクセシビリティと多言語化を専門とするプログレッシブデザイングループを立ち上げて全社のアクセシビリティ推進に従事している。

ちいさくはじめるデザインシステム

2023年3月15日 初版発行
2023年5月15日 初版第2刷発行

著者 大塚亜周、稲葉志奈、金森 悠、samemaru、圓山伊吹、
植田将基、関口 裕、8chari、後藤拓也、小木曽槙一、桝田草一
編者 大塚亜周、稲葉志奈

発行人 上原哲郎
発行所 株式会社ビー・エヌ・エヌ
〒150-0022 東京都渋谷区恵比寿南一丁目20番6号
Fax: 03-5725-1511 E-mail: info@bnn.co.jp
www.bnn.co.jp

印刷・製本 シナノ印刷株式会社

ブックデザイン 市東 基（Sitoh inc.）
レイアウト 次葉
編集 石井早耶香、村田純一
翻訳協力 ブレインウッズ株式会社